U0324371

国家自然科学基金项目(U1904188)资助

玄武岩纤维再生混凝土性能试验研究

张春生　丁亚红　郭书奇　王艳芝　著

中国矿业大学出版社

·徐州·

内 容 提 要

本书旨在研究玄武岩纤维对再生混凝土基本力学性能和耐久性的影响,探讨玄武岩纤维再生混凝土在工程实际应用中的可能性,为再生混凝土的高品质循环利用提供新思路。主要研究内容包括:(1)玄武岩纤维再生混凝土基本力学性能试验研究;(2)玄武岩纤维再生混凝土应力-应变特性研究;(3)玄武岩纤维再生混凝土耐久性试验研究;(4)结合宏观和微观分析玄武岩纤维对再生混凝土的增强机理,并提出了关于玄武岩纤维掺量的再生混凝土力学性能及耐久性公式。

本书可供土木工程、材料科学与工程等相关专业研究生参考使用。

图书在版编目(CIP)数据

玄武岩纤维再生混凝土性能试验研究 / 张春生等著

. —徐州:中国矿业大学出版社,2022.8

ISBN 978 - 7 - 5646 - 5503 - 7

Ⅰ.①玄… Ⅱ.①张… Ⅲ.①玄武岩—再生混凝土—性能试验—研究 Ⅳ.①TU528.59-33

中国版本图书馆 CIP 数据核字(2022)第 134959 号

书 名	玄武岩纤维再生混凝土性能试验研究
著 者	张春生 丁亚红 郭书奇 王艳芝
责任编辑	杨 洋
出版发行	中国矿业大学出版社有限责任公司
	(江苏省徐州市解放南路 邮编 221008)
营销热线	(0516)83884103 83885105
出版服务	(0516)83995789 83884920
网 址	http://www.cumtp.com E-mail:cumtpvip@cumtp.com
印 刷	徐州中矿大印发科技有限公司
开 本	787 mm×1092 mm 1/16 **印张** 7.75 **字数** 140 千字
版次印次	2022 年 8 月第 1 版 2022 年 8 月第 1 次印刷
定 价	45.00 元

(图书出现印装质量问题,本社负责调换)

前　言

我国建筑垃圾堆存总量大,且每年都以数亿吨的产量持续增长。目前对建筑垃圾的处理仍然以堆放、填埋为主,资源化利用率有待提高。近期国家发布了《关于"十四五"大宗固体废弃物综合利用的指导意见》,提出大力推进大宗固废资源化利用。随后,国务院发布了《关于完整准确全面贯彻新发展理念做好碳达峰碳中和工作的意见》,提出要全面推广绿色低碳建材。推进再生混凝土的应用,既是提高建筑固废资源化利用率的有效途径,也是实现建筑行业降碳的有效方法。由于再生骨料存在孔隙率高、吸水率高、表观密度较小、压碎指标值较大、表面附着残余砂浆等缺陷,使得控制和提高再生混凝土的品质存在一定的困难,其推广应用受到限制。掺入纤维是提高再生混凝土综合性能的有效途径,玄武岩纤维是一种绿色可再生的高性能纤维,探讨玄武岩纤维对再生混凝土基本力学性能和耐久性的提升效果,对推动再生混凝土的发展和环境保护具有重要意义。

本书旨在研究玄武岩纤维对再生混凝土基本力学性能和耐久性的影响,探讨玄武岩纤维再生混凝土在工程实际应用中的可能性,为再生混凝土的高品质循环利用提供新思路。本书主要研究内容包括:(1) 玄武岩纤维再生混凝土基本力学性能试验研究;(2) 玄武岩纤维再生混凝土应力-应变特性研究;(3) 玄武岩纤维再生混凝土耐久性试验研究;(4) 结合宏观和微观分析玄武岩纤维对再生混凝土的增强机理,并提出了关于玄武岩纤维掺量的再生混凝土力学性能及耐久性公式。

衷心感谢河南理工大学徐平教授、张向冈副教授、龚健副教授等在室内试验及理论分析方面给予的指导和帮助。感谢研究生武军、孟令其、张美香、郭猛、李一凡、马金一、陈冰、汪蕾、李雅婧、宁威等在试验研究方面的付出。同时感谢本书引用文献的作者所做的前期研究工作。

本书的出版得到了国家自然科学基金项目（U1904188）的资助，在此表示感谢。

限于作者水平和时间，本书中难免有不妥之处，恳请各位专家、学者不吝批评指正。

作　者

2022 年 1 月

目　　录

1　绪　　论

1.1　研究背景及意义

混凝土是建筑工程中使用量最大、用途最广的材料之一[1-3]。据估计,全世界混凝土的使用量已超过 40 亿 m³/a,砂石使用量超过 60 亿 t/a[4-5]。随着我国建筑业的快速发展,砂石骨料成为生产产量及消耗量最大的矿产资源[6-8]。据统计[9],建筑工程中每消耗 1 t 钢材,就会消耗 6 t 水泥和 36 t 砂石骨料;每修建 1 km 高速公路需要砂石骨料约 5.46 万 t,每修建 1 km 高速铁路需要砂石骨料约 7 万 t。大规模砂石骨料的开采,一方面耗费了巨量的矿石资源,另一方面将造成严重的环境污染和生态破坏[10-11]。

如图 1-1 所示,砂石骨料的大量开采对山体造成了极大的破坏,给周围环境及安全带来巨大的危害[12-14],造成了山体滑坡、生态失衡、空气污染等灾害,为了保护良好的生态环境,国家采取了一系列政策进行协调改善[15]。然而,随着建筑业的蓬勃发展,全国各地出现了天然砂石骨料供不应求的现象,砂石骨料价格不断攀升[16-18]。

(a) 砂石开采后山体裸露　　　　　(b) 砂石生产造成空气污染

图 1-1　天然砂石骨料大量开采造成的危害

另外,全国每年产生建筑垃圾约 20 亿 t,约占城市固体废物总量的

40%[19-21],其中废弃混凝土占 30%~40%。如图 1-2 所示,建筑物的拆除和重建会产生巨量的废弃混凝土,而目前的处理方式仍以堆放、填埋或开发成低品质的混凝土制品为主。为有效推进建筑固体废物的循环利用,缓解天然骨料开采带来的资源消耗和环境污染等问题,高品质再生混凝土及制品亟待研究。

（a）建筑拆除产生废弃混凝土　　　　　　（b）废弃混凝土堆放占地

图 1-2　废弃混凝土的产生及堆放

再生混凝土（recycled aggregate concrete,RAC）是将天然混凝土（natural aggregate concrete,NAC）破碎筛分后制成再生骨料用来代替天然骨料,制备成一种可再生资源。再生混凝土的推广应用,可有效解决建筑垃圾的堆放和循环利用问题,符合国家倡导的绿色可持续发展战略。但再生骨料与天然骨料相比存在吸水率高、针状物比例大、破碎过程中产生裂缝等缺陷,同时再生骨料来源不确定,品质得不到保证,使得 RAC 在实际工程中的应用受到制约[22-25],因此,如何有效提高 RAC 的性能尤其重要[26-28]。

玄武岩纤维（basalt fiber,BF）是由天然玄武岩经过拉丝制成的,制作过程简单,能源消耗少,同时玄武岩纤维比其他纤维耐高温、化学性质稳定、耐腐蚀且来源广,是一种可再生的纯天然无机绿色纤维,为提高 RAC 在工程实际中的使用率,通过对玄武岩纤维增强再生混凝土（basalt fiber reinforced recycled concrete,BFRRC）进行基本力学性能和耐久性试验研究,探究玄武岩纤维掺量和粗骨料取代率对再生混凝土性能的影响,为玄武岩纤维再生混凝土在工程中的应用提供参考。

1.2　国内外研究现状

1.2.1　再生骨料改性

再生骨料改性又可以分为物理强化法和化学强化法两大类。物理强化法包括机械研磨法、加热研磨法、颗粒整形法、湿处理法、超声波清洗法等。其主要是采用物理作用,例如研磨、加热、超声波、水洗等,去除和软化表面硬化的水泥砂浆,磨平颗粒棱角。化学强化法是采取化学浆液、气体、微生物等对再生骨料进行浸渍、养护,使其与再生骨料表面硬化的水泥砂浆发生反应,生成碳酸根、凝胶等,填补部分孔隙和裂纹,从而强化再生骨料的性能,目前的强化方式主要包括酸液浸泡、加入矿物掺合料、碳化强化等。

1.2.1.1 物理强化法

（1）机械研磨法

机械研磨法包括立式偏心装置研磨法、卧式研磨法等。其中立式偏心装置研磨法是指使用立式偏心研磨设备研磨处理废弃混凝土的方法[29]。该设备主要由偏心轮、回转内筒和驱动装置、外部筒壁组成。经过简单破碎的再生骨料从上口倒入,驱动装置带动内部圆柱体形状的偏心轮高速旋转,经过偏心轮和骨料自身的相互碰撞、研磨作用,去除再生骨料表面的杂物,磨平其表面较为尖锐的地方,改善再生骨料的结构,提高其物理性能。如果一次研磨后的再生骨料满足不了要求,可重复研磨。采用此方法得到的骨料性能见表1-1。研磨强化再生骨料主要是依靠骨料与机械以及骨料与骨料之间的相互碰撞,以物理方式去除部分再生骨料表面的水泥浆,优化骨料表面结构,增大再生骨料的表观密度,降低吸水率和孔隙率,从而改善再生骨料的性能。

表 1-1 立式偏心研磨装置生产的再生骨料的性能

项目	原骨料	再生骨料
表观密度/(g/cm³)	2.53	2.46
吸水率/%	1.26	2.75

卧式回转研磨法是一种能够制备高质量再生粗骨料（recycled coarse aggregate, RCA）的机械研磨方法[30]。卧式回转研磨与螺旋输送机有相似之处,并在这个基础上进行了改进:① 用带有研磨块的螺旋带替代螺旋叶片;② 在机械内壁上安装了许多的耐磨衬板;③ 在螺旋带的顶部配置与其反方向转动的锥形体,故能够产生更大的作用力。综合以上改造,简单破碎的再生骨料受到研磨块、机械内壁、耐磨衬板及物料等多方面的相互碰撞、摩擦,改善再生骨料。采用此方法时,研磨前后的再生骨料的性能见表1-2。

表 1-2　卧式偏心研磨装置生产的再生骨料的性能

项目	原骨料	RCA
表观密度/(g/cm³)	2.55	2.53
吸水率/%	1.55	1.85

通过对比表 1-1 和表 1-2,经两种机械研磨法处理的再生骨料与原骨料的各方面性能相比仍存在一定差距,但卧式回转研磨法相对立式偏心研磨法,再生骨料的表观密度与吸水率更接近原骨料,改善效果更明显。但两种机械研磨法在研磨过程中都需要消耗大量的人力、物力,且会产生大量灰尘,造成污染。除此以外,这两种研磨法由于需要使用大型机械设备研磨,具有能耗大、不环保、多次碰撞产生多余微裂缝等缺点。

（2）加热研磨法

该方法由日本学者 H. Shima 等[31]提出。加热研磨法主要通过对已经简单破碎后的再生骨料进行高温工序处理,使骨料表面的水泥砂浆、碎砖等杂物脱水、脆化,之后通过机械设备进行一次或多次研磨强化骨料,去除骨料表面上部分或全部的杂物。

采用加热研磨法处理废弃混凝土,一则能够回收得到级配好、表面砂浆残余比较少的再生骨料,二则能够得到相对较优质的再生细骨料、微粉料。孙增昌等[32]、杜婷等[33]和王智威[34]也对加热研磨法做过相应的介绍。加热温度对再生骨料性能的影响如图 1-3 所示。

由图 1-3 可知:加热研磨处理后,伴随着温度的逐渐升高,再生骨料的表观密度与温度呈正相关;而吸水率随加热温度的增大逐渐降低,呈负相关。试验表明:附着在骨料外面的硬化水泥砂浆的脆化效果和温度有关。随着温度升高,表面砂浆脆化更明显,骨料研磨处理相对更容易。但是当加热温度超过 500 ℃时,由于能耗大幅度提高以及表面砂浆、骨料本身性能下降使得再生骨料出现逐渐劣化趋势。该方法与其他机械研磨法相比,增加了加热处理的工序,让水泥砂浆在处理过程中脱水脆化,然后在研磨装置中经两次或多次研磨,有效去除再生骨料上的水泥砂浆、碎砖等残余物,强化其物理性能。

通过对比表 1-3 和表 1-4,采用加热研磨法强化处理前后,粗细骨料的表观密度与原骨料差距不大,吸水率相比稍高,但都符合甚至高于再生骨料的性能指标。试验表明:加热研磨法制备的 RCA 水泥砂浆的附着率为 0%～20%,再生细骨料的砂浆附着率为 0%～10%,远低于简单破碎混凝土表面的水泥砂浆附着率(简单破碎的混凝土表面大约附着 30% 的砂浆)。H. Shima 等[35]指出:表观密度与吸水率之间存在关系,即表观密度增大时再生骨料的吸水率会降低。

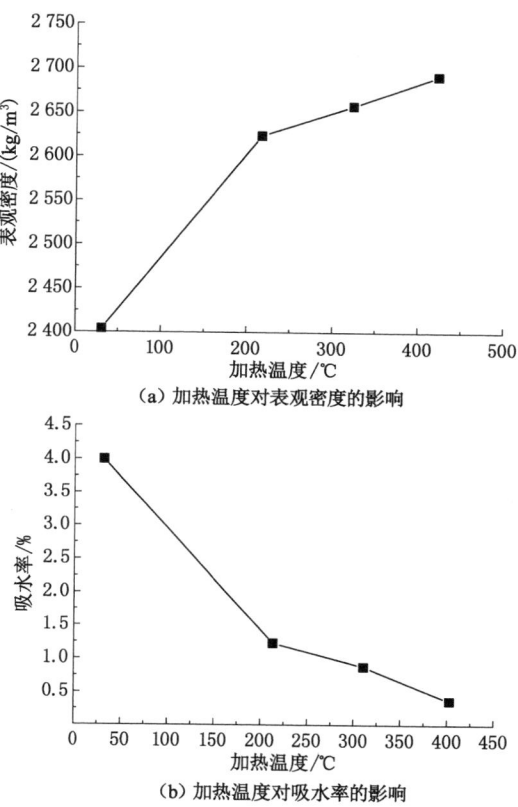

（a）加热温度对表观密度的影响

（b）加热温度对吸水率的影响

图 1-3 加热温度对再生骨料性能的影响

表 1-3 加热研磨法生产的再生骨料的性能

项目		粗骨料	细骨料
原骨料	表观密度/（g/cm³）	2.62	2.62
	吸水率/%	0.84	1.06
再生骨料	表观密度/（g/cm³）	2.59	2.52
	吸水率/%	1.32	2.61

表 1-4 再生骨料指标标准

项目	指标		
	Ⅰ类	Ⅱ类	Ⅲ类
表观密度/（kg/m³）	＞2 450	＞2 350	＞2 250
吸水率（按质量计）/%	＜3.0	＜5.0	＜8.0

由表 1-1、表 1-2、表 1-3、表 1-4 可知：采用立式偏心研磨法处理后的再生骨料与原骨料相比，其表观密度减小 2.77%，吸水率增大 118.30%；采用卧式回转研磨法处理后，其表观密度减小 0.78%，吸水率增大 19.40%；在加热温度为 300 ℃时采用加热研磨法，其表观密度减小 1.14%，吸水率增大 57.1%。从表观密度、吸水率这两项指标考虑，卧式回转研磨法相比更好，因为该设备可以对再生骨料进行多次研磨，更好地去除再生骨料表面的水泥砂浆。

（3）颗粒整形强化法

颗粒整形强化法是指利用再生骨料与自身以及与机械内壁的撞击和研磨作用，去除表面的杂质和磨削尖锐的部位，最终使骨料形状趋于球形，形成表面相对光滑的形状，达到强化再生骨料的目的。颗粒整形强化装置系统由颗粒整形设备、除尘器、电控装置、引风机等组成。经简单处理的混凝土料从进料口倒入，经叶轮处被分为两个部分：一部分从顶部直接进入叶轮内部，受到离心作用加速后，又被叶轮以极快的速度从叶轮下口抛出；另一部分沿着叶轮外部掉落，并且和从叶轮内部高速溅跃出的骨料碰撞。两个部分骨料经多次碰撞后从出料口排出。值得注意的是，当两个部分骨料在叶轮内腔发生碰撞后会在离心力的作用下撞击至凹陷处，多次撞击存积作用会在凹陷处形成一个永久性曲面，当再有骨料撞至此处则会沿曲面返回壁腔，并与叶轮下方落下的骨料再次碰撞，不但增加骨料之间相互碰撞次数，而且在一定程度上减少骨料与设备之间的直接接触，降低设备磨损。

李秋义等[36]对颗粒整形法进行了系统的研究。试验使用的再生骨料为原使用龄期为 1 年左右、等级为 C20～C50 的石子混合料。颗粒整形强化处理分为两个阶段：第一阶段通过颚式破碎机把废弃混凝土小块初步研磨为粒径小于 31.5 mm 的碎块；第二阶段使用颗粒整形改性。再生骨料表观改善如图 1-4 所示。

 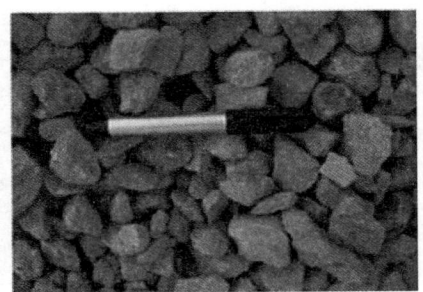

（a）改进前　　　　　　　　　　　　（b）改进后

图 1-4　改进前后再生骨料的外观

研究结果表明:采用颗粒整形强化法处理后的再生骨料,颗粒堆积密度、表观密度、孔隙率、吸水率、压碎值均有一定程度改善,分别增大 9.30%、增大 1.17%、减小 9.01%、减小 38.30%、减小 40.51%,改善后的骨料的性能参数均超过制备一般再生混凝土的国家标准值。该方法与上述其他两种研磨法相比,具有处理工艺相对简单、能耗较低、生产产品品质高等优点。但整形过程中仍会产生部分裂纹,造成其他的一些物理破坏,从经济性、实用性方面考虑还有待改进。

(4)再生骨料湿处理法

该处理方法最先在欧美国家开始应用[37-38]。与其他处理方式相比,湿处理方法的不同之处是:在研磨处理前,对再生骨料增加了水冲洗工艺,能软化、侵入骨料。该方法可以有效去除再生骨料表面部分硬化的水泥砂浆、碎砖块、铁丝等杂物,改善再生骨料表面和物理性能。湿处理法强化作用主要体现在:通过软化表面杂质,去除再生骨料表面部分的水泥砂浆等物质,提高了所制备 RAC 的抗压强度。但是值得考虑的是,采用该方法强化再生骨料会耗费大量的水资源。

(5)超声波清洗处理法

超声波强化再生骨料是通过超声波清洗除去表面不坚实的砂浆等颗粒,改善骨料表面状况。再生骨料表面松散的颗粒会破坏新水泥基体与再生骨料之间的黏结,也会使得旧水泥基体开裂,降低再生骨料的机械强度。

A. Katz[39]研究超声波清洗工艺对再生骨料抗压强度的影响。研究发现:超声处理后再生混凝土的抗压强度提高了 7%,但是对其早期及后期强度的强化效果变化不明显。采用超声波清洗技术处理骨料,能有效去除松散颗粒,改善新水泥浆料与骨料之间的黏结效果,并提高其抗压强度。

1.2.1.2 化学强化法

(1)浸渍法

浸渍法是指使用有机或无机的化学浆液浸渍再生骨料,去除骨料表面的一些水泥砂浆和残余矿物,或填充再生骨料的空隙。常见的浸渍溶液有酸溶液、水泥净浆、有机溶液等。

V. W. Y. Tam 等[40]采用 HCl、H_2SO_4、H_3PO_4 浸渍再生骨料,见表 1-5,处理后的再生骨料的吸水率明显降低。同时,制备的再生混凝土的碱度、氯化物和硫酸盐指标升高,但仍符合国家标准要求。酸液浸渍再生骨料能够大幅度改善骨料的性能和利用率等级,为再生骨料在工程活动中的使用开辟了更广阔的空间。朱从香等[41]采用 3 种化学浸泡浆液分别浸渍粗骨料,分析试验结果得出结论:经过不同化学浆液浸泡后制备的再生混凝土的抗碳化性能都有所改善。

表 1-5　HCl、H_2SO_4、H_3PO_4 浸渍前后再生骨料性能

再生骨料性能指标	骨料粒径/mm	浸渍前	浸渍后		
			HCl	H_2SO_4	H_3PO_4
吸水率%	20	1.65	1.45	1.48	1.53
	10	2.63	2.31	2.37	2.41
氯化物含量%	20	0.001 6	0.002 5	0.000 1	0.000 1
	10	0.001 2	0.005 6	0.000 1	0.000 1
硫酸盐含量%	20	0.002 5	0.0076	0.109 0	0.011 0
	10	0.002 5	0.0082	0.104 0	0.010 9
pH 值	20	10.46	9.07	8.95	8.55
	10	11.63	9.34	9.35	9.33

　　毋雪梅等[42]分别使用无机浆液和有机浆液浸渍再生骨料,强化后的试验数据见表 1-6。试验结果表明:强化后的骨料与原骨料相比,吸水率降低、压碎值下降、表观密度略有提高;无机浆液与有机浆液浸泡的骨料相比,无机浆液强化后骨料各方面物理指标均比有机浆液强化后的高,但这两种溶液对骨料性能的增强效果均不明显,制备成的再生混凝土各方面性能的改善效果也不太明显。

表 1-6　浸渍前后再生骨料性能指标

骨料品种	吸水率/%		压碎值/%	表观密度/(kg/m³)
	10 min	1 h		
未经浸渍处理的再生骨料	3.80	6.25	24.1	2.269
无机溶液浸渍过的再生骨料	2.60	5.42	18.9	2.290
有机溶液浸渍过的再生骨料	3.50	5.73	22.5	2.289

　　(2)包裹法

　　包裹法强化再生骨料是通过有机或无机材料包裹、填充再生骨料的空隙及裂纹等,优化表观降低吸水率,达到强化再生骨料部分物理性能的目的。包裹法常用的材料包括 PVA 聚合物、活性粉末浆液、粉煤灰等。

　　T. R. Naik 等[43]生产了含有大量粉煤灰的混凝土混合料,其抗压强度在28 d 内达到 21 MPa 和 28 MPa。粉煤灰作为掺杂物对再生混凝土的抗压强度、劈裂强度等有一定的强化效果。D. Y. Kong 等[44]研究了骨料表面涂火山灰材料后对制备的再生混凝土性能和界面组织的影响及机理。杜婷等[45]通过纯水泥浆液及水泥浆液单独掺 Kim 粉和粉煤灰 3 种方法包裹强化处理 RCA。试验

结果表明:经 3 种方法处理过的骨料拌和而成的混凝土,强化效果最好的是用水泥掺 Kim 粉。强化后的 RAC 的抗压强度增大了 13.2%,但是其他力学性能改善不明显。

PVA 强化再生骨料主要通过聚合物乳液的黏结性,使得再生骨料具有一定的拒水性,降低吸水率。S. C. Kou 等[46]用 PVA 溶液包裹处理再生骨料,发现 PVA 浓度升高,骨料的吸水率逐渐降低。张学兵等[47]利用 RP 浆液强化处理再生骨料,研究表明该方法能够降低骨料吸水率和压碎值,提高表观密度与堆积密度,并且发现经水胶比为 0.2 的活性粉末浆液处理后的骨料品质最好。

(3)水玻璃强化再生骨料的研究

程海丽等[48]分别采用浓度为 5%、10%、20%、30%、40%的水玻璃溶液对再生骨料进行不同时间的浸泡,分析研究水玻璃强化前后再生骨料及相应再生混凝土试块的性能改善效果。随着浸泡时间的增加,相同浓度浸泡的再生骨料的坍落度值均增大,但随着浓度的增大和时间的增加,坍落度值大幅度下降,其原因可能是长时间的高浓度浸泡,以及水玻璃本身性质,造成制备的混凝土的流动性较差。对比分析认为浓度为 5%的水玻璃溶液对 RAC 抗压强度改善效果更好,高浓度的水玻璃浆液以及长时间浸泡对 RAC 性能的改善效果都不太明显,可能会造成 RAC 后期强度劣化。水玻璃强化再生骨料的方法能提高混凝土的抗压强度,但对后期强度和耐久性的影响需要进一步研究,存在局限性。

(4)纳米强化再生骨料的研究

纳米 SiO_2 是一种超微细粉体,是近年来使用最广泛的无机新材料之一,其质量小、粒径小、强度高,通过水化反应产生 C-S-H 凝胶,以凝胶补偿骨料表面和界面过渡区的空隙,改善再生骨料的物理性能。

朱勇年等[49]采用纳米 SiO_2 对再生骨料进行强化,在保持混凝土配合比相同的条件下,原位浇筑 3 根梁,进行相同的力学性能测试。研究结果表明:通过纳米 SiO_2 强化后的再生混凝土的性能提升幅度较大;强化后再生混凝土的强度和变形能力均同一般的混凝土相差不明显。但试验结果也表明:冬季低温施工对再生混凝土强度及抵抗变形的能力的提高有很大的阻碍。

杨青等[50]采用两种纳米材料对再生骨料进行处理,研究高活性纳米 SiO_2 和纳米改性矿物掺合料对再生混凝土强度的改善效果。研究结果表明:两种纳米材料以一定的比例混合,可以优化再生混凝土的力学性能,且再生混凝土抗氯离子渗透性能有明显提升。B. B. Mukharjee 等[51]研究发现:加入 3%的胶状纳米 SiO_2 能有效提高再生混凝土的早期强度和后期强度。

纳米强化再生骨料,对其强度、抗渗性能等的改善效果较为明显,但是低温施工对制备的再生混凝土的强度和抵抗变形能力有很大不利影响,这表明该种强化手段对外界环境要求高,且后期强度和耐久性还需进一步研究。

(5)碳化强化再生骨料的研究

碳化强化再生骨料通过 CO_2 和骨料表面残余的水泥砂浆发生反应,生成 $Ca(OH)_2$ 和 C-S-H。这两种生成物均能增大骨料的固相体积,还可以补偿骨料及界面过渡区的孔隙和裂缝,有效降低再生骨料过高的吸水率,达到改性的目的。其碳化反应过程如下:

$$Ca(OH)_2 + CO_2 \Longrightarrow CaCO_3 + H_2O \tag{1-1}$$

$$C\text{-}S\text{-}H + CO_2 \Longrightarrow CaCO_3 + SiO_2 \cdot nH_2O \tag{1-2}$$

D. X. Xuan 等[52]、史才军等[53-54]、应敬伟等[55]采用 CO_2 气体改性再生骨料。

潘智生通过 CO_2 气体强化再生骨料,试验结果表明:强化后骨料的吸水率明显降低,表观密度增大,制备的再生混凝土的干燥收缩也明显降低,渗透性降低。

应敬伟的试验结果表明: CO_2 改性再生骨料,可以强化骨料的吸水率、表观密度、抗渗性能等,与经 CO_2 强化前的表观密度、堆积密度、吸水率、压碎指标相比,分别为增大 1.2%、增大 1.2%、减小 27.3%、减小 10.5%。经 CO_2 强化处理拌和得到的再生混凝土的抗压强度增大,且随着取代率的增大而增大。

(6)碳酸钙生物处理法

碳酸钙生物沉积的机理是利用生物本身的性能,即细胞内存在足够的负电位,细胞壁表面能沉积碳酸钙,发生反应产生生物沉积。美国巴氏细胞可以吸引钙离子和由尿素产生的碳酸根离子生成碳酸钙,同时,氨离子增大了周围介质的 pH 值,提高了碳酸钙的沉淀效率。

A. M. Grabiec 等[56]研究发现生物细胞处理能够降低再生骨料的孔隙率、吸水率,并且可以提高制备的再生混凝土的抗压强度。

采用物理强化法或化学强化法对再生骨料进行改性,虽然能一定程度上改善骨料性能,但是效果不明显。同时,再生混凝土的性能不仅受骨料改性方式的影响,还受骨料的来源、粒径、配合比等因素的影响,需要进一步研究和探讨。

1.2.2 纤维再生混凝土基本力学性能研究现状

1.2.2.1 纤维作用机理

纤维可以改善混凝土结构的完整性和断裂韧性,通过在脆性混凝土基体中的桥接限制荷载引起的裂纹的开裂和扩展,并有助于保护混凝土免受腐蚀剂的侵害。纤维增强混凝土的机理目前存在两种理论：复合材料理论和纤维间距理论[57]。对纤维混凝土的研究主要集中在纤维和基体之间的界面、纤维通过桥接达到的阻裂、纤维混凝土的变形这三个方面[58]。

（1）纤维和基体之间的界面

纤维混凝土是一种多相复合材料，根据复合材料力学分析纤维和基体之间的脱黏和相对滑移。目前常用的是通过拉拔试验确认纤维和基体之间的强度，以单根纤维的轴向拉拔试验为基础，假定纤维和基体之间界面的黏结强度是均匀的[59]，建立了早期最大拔出荷载和埋置长度、界面黏结强度之间的关系式，该类公式可以较准确地预测金属类纤维在小范围内埋设的情况下的界面强度。有学者利用最大剪应力强度准则对短纤维混凝土的拉拔过程进行了分析，给出了拉拔三个阶段的拔出荷载方程[60]，但是有学者利用有限元软件分析认为将最大剪应力作为判断脱黏准则会导致由数值模拟得到的值和实际值之间的差距过大。因此提出了能量脱黏准则[61]，在半无限基体内，当裂纹发展所产生的能量大于纤维和基体之间的界面黏结强度时，界面脱黏。基于此，J. Bowling 等[62]考虑了摩擦的影响，修正了摩擦系数。通过这两种准则建立的模型能反映不同种纤维的界面脱黏，纤维和基体材料的不同会导致两种模型拟合得到的结果存在一定差异，剪应力脱黏准则通常采用剪应力、滑动摩擦两个参数，而能量脱黏准则通常采用的是界面能和滑动摩擦，C. K. Y. Leung 等[63]根据界面区的尺寸对两种模型的适用范围进行了总结。

（2）纤维的阻裂

根据复合材料力学，纤维与基体共同发挥作用，混凝土为脆性材料，出现裂纹后容易失稳破坏，根据计算纤维内部应力的状态求取平均值，得到混合材料的整体的效果，H. L. Cox[64]根据剪滞原理提出了纤维长度的有效系数，假定界面的剪力均为平均值，纤维只承受轴向荷载，之后又提出了纤维方向因子，该方法简单快捷，但是忽略了应力集中情况。

断裂力学将裂纹的发展作为主要的研究内容，从微观角度考虑纤维的增强作用，纤维的桥接受裂纹的影响，裂纹发展时加入桥接的纤维就越多。Romuldi Baston 根据应力强度因子叠加原理，假定裂纹均匀分布在纤维周围，计算了失稳应力。小林一辅结合试验结果提出了纤维间距理论公式[65]。

（3）纤维混凝土的变形

不少学者改变纤维种类、长度、数量等，对纤维混凝土进行单轴拉伸试验，研究多裂缝时纤维混凝土的破坏模型，提出了应力和变形的全过程曲线。根据应变大小将纤维混凝土的变形分为硬化和软化两种，对最小裂纹间距、纤维细观分布等因素进行了分析。

由以上研究成果可以发现：纤维混凝土作为复杂的多相不均质体，其模型的建立受到很多因素的影响，界面作为纤维增强混凝土的薄弱面，对纤维混凝土的性能、作用机理起决定性的作用。

1.2.2.2　纤维再生混凝土基本力学性能研究现状

钢纤维是混凝土中最常用的材料之一，其硬度高、不易黏结、抗拉强度高。在 RAC 中掺入一定体积量的钢纤维，能够增大 RAC 的抗拉强度、抗折强度，并且能大幅度改善 RAC 的韧性。Y. C. Guo 等[66]、G. M. Chen 等[67]通过 60 根缺口梁，研究不同钢纤维掺量（0%、0.5%、1%、1.5%）和不同暴露温度（室温、200 ℃、400 ℃、600 ℃）对钢纤维 RAC 性能的影响。试验结果表明：在 RAC 中掺入钢纤维能延缓 RAC 裂纹的产生，并限制了 RAC 的开裂，从而显著提高了 RAC 高温下的断裂能以及断裂韧性。R. B. Ramesh 等[68]为提高 RAC 的强度和韧性，以 0%、0.3%、0.5%、0.7%、1.0% 钢纤维掺量和 0%、30%、50%、70%、100% RCA 取代率，共计 25 组配合比，研究钢纤维掺量、RCA 取代率对 RAC 抗拉强度、抗压强度、抗压韧性、弹性模量等的影响规律。由试验结果可知：随着 RCA 含量的增加，RAC 的劈裂抗拉强度、抗压强度和弹性模量降低；随着钢纤维含量的增加，RAC 的抗拉强度和抗压韧性均有所改善。但钢纤维含量与抗压强度、弹性模量无显著相关性。根据钢纤维掺量和 RCA 取代率建立了 RAC 回归模型，以预测劈裂抗拉强度、抗压强度和弹性模量的变化。钢纤维对 RAC 具有较好的增强增韧效果，可以提高 RAC 抗拉强度、抗折强度等，但钢纤维容易产生锈蚀，会对 RAC 的后期强度产生很大影响。

PVA 纤维也称为聚乙烯醇纤维，属于合成纤维的一种。PVA 纤维具有强度高、弹性模量大、抗磨、抗酸碱性佳等优点，属于绿色建材。孙呈凯等[69-70]以再生骨料取代率、PVA 纤维长径比为变量，研究这两个因素对 RAC 基本力学性能的影响，在此基础上设计并进行了正交试验，探究不同再生骨料取代率、粉煤灰替代率、水胶比、PVA 纤维体积量条件下 RAC 强度的变化规律。试验研究发现：PVA 纤维体积量为 0.1% 时，RAC 的抗压强度和劈裂抗拉强度表现最好。随着 PVA 纤维长径比的增大，RAC 的抗压强度和劈裂抗拉强度呈现先增大后减小的变化趋势。粉煤灰的体积量为 10% 时，RAC 的劈裂抗拉强度最佳。PVA 纤维主要应用于 RAC 的加固，能够较好地改善混凝土的韧性，但是由于 PVA 纤维长度较小，不适用于大粒径的 RAC 强化[71]。

碳纤维是工程中常用的增强增韧材料之一，具有强度大、模量大、抗高温、质量小等优点[72]，掺入混凝土或水泥浆体中可以提高抗拉强度、抗折强度等。王建超等[73]通过制作 198 块 150 mm×150 mm×150 mm 的标准试块，试验研究了碳纤维长度和掺量、再生骨料取代率、水灰比、养护龄期 5 个因素对 RAC 力学性能的影响。试验结果表明：再生骨料取代率为 50% 的 RAC 的各方面性能远优于取代率为 100% 的 RAC；长度为 6 mm、掺量 0.12% 的碳纤维制备出的 RAC，其力学性能表现最好。此外，水灰比和养护龄期也是影响 RAC 力学性能的重要因素。J. Y. Noh 等[74]探究了碳纤维和玻璃纤维对 RAC 的增强效果。试验结果表明：碳纤维 RAC 的抗压强度和抗弯强度在养护 7 d 时分别为 68~81.5 MPa 和 19.1~21.5 MPa。玻璃纤维 RAC 的抗压强度和抗弯强度分别为 69.4~85.1 MPa 和 19~20.1 MPa。抗冲击试验表明：随着纤维含量的增加，初始断口和最终断口的跌落次数增加。因此，在 RAC 中加入碳纤维和玻璃纤维可以改善水工结构、地下设施和农业建筑的性能。碳纤维属于强度高、模量大的纤维，对混凝土具有显著的增强增韧效果，因此碳纤维也常被用于高韧性的建筑结构中，但碳纤维搅拌易成团、价格昂贵[75]。

　　玄武岩纤维是一种岩石基高强耐腐蚀无机纤维材料，抗拉强度高，化学性能稳定，能和混凝土良好结合并共同作用，有效改善混凝土的抗拉性能、抗折性能，提高混凝土的耐久性，且玄武岩纤维的生产过程少污染，是一种环境友好型纤维。BFRRC 是一种生态友好的有效解决建筑垃圾污染的方式。

　　W. J. Meng 等[76]通过制作 81 个中心拉拔试块，试验研究了 BFRP 筋与 BFRRC 的黏结应力-滑移量本构关系。以玄武岩纤维体积百分比、纤维长度和混凝土强度等级为变量，得到了 BFRRC 的黏结应力-滑移量关系曲线。试验结果表明：在 RAC 中加入玄武岩纤维可以降低 BFRP 筋与 RAC 的黏结应力，提高黏结性能和延性；黏结应力随着纤维长度和 RAC 强度等级的增大而增大。W. Alnahhal 等[77]采用试验方法，研究同时加入 RCA 与玄武岩纤维对梁抗弯性能与极限承载能力的影响。通过对 16 根钢筋混凝土梁进行抗弯破坏试验，分析了 RCA 取代率、玄武岩纤维掺量对梁性能的影响，并将试验结果和现有的分析模型、基于代码的常规混凝土方程进行对比分析，发现掺入玄武岩纤维可以大幅度提高再生混凝土梁的抗弯承载能力。此外，掺入 RCA 没使钢筋再生混凝土梁的抗弯强度呈现劣化趋势。

1.2.3　再生混凝土抗碳化性能研究现状

　　混凝土的碱性环境使得在钢筋表面形成一层化学性质稳定且密度高的钝化膜，降低了钢筋锈蚀的概率，但是当混凝土内的 pH 值低于 9.88 时，钢筋的钝化膜被破坏，这会导致混凝土结构由于钢筋锈蚀而破坏。混凝土中 pH 值降低是因为外界的 CO_2 通过混凝土表面的孔隙扩散进入基体内部与水化产物 $Ca(OH)_2$ 发生反应生成 $CaCO_3$，同时 $CaCO_3$ 的体积大于 $Ca(OH)_2$ 从而加速孔

结构的劣化,主要的化学反应式如下:

$$CO_2 + H_2O === H_2CO_3 \tag{1-3}$$

$$Ca(OH)_2 + H_2CO_3 === CaCO_3 + 2H_2O \tag{1-4}$$

$$Ca(OH)_2 + CO_2 === CaCO_3 + H_2O \tag{1-5}$$

$$3CaO \cdot SiO_2 \cdot 3H_2O + 3CO_2 === 3CaCO_3 \cdot 3SiO_2 \cdot 3H_2O \tag{1-6}$$

$$2CaO \cdot SiO_2 + \gamma H_2O + 2CO_2 === 2CaCO_3 + 2SiO_2 + \gamma H_2O \tag{1-7}$$

$$3CaO \cdot SiO_2 + \gamma H_2O + 3CO_2 === 3CaCO_3 + 3SiO_2 + \gamma H_2O \tag{1-8}$$

目前有很多学者研究了混凝土的碳化规律,发现混凝土的碳化深度 D 与碳化时间 t 存在一定的关系,提出了经典的碳化深度模型,见式(1-9)。

$$D = \alpha \sqrt{t} \tag{1-9}$$

式中,α 为碳化速率系数,决定了混凝土的抗碳化性能,与混凝土自身的性质和环境因素有关。

基于此模型,学者们围绕碳化速率系数进行了研究,得到了基于不同因素的碳化速率系数的模型。如阿列克谢耶夫[78]主张 CO_2 的浓度和扩散决定了混凝土的碳化,提出了碳化速率系数的理论模型,见式(1-10)。

$$\alpha = \sqrt{\frac{2D_{CO_2} \cdot C_{CO_2}}{M_{CO_2}}} \tag{1-10}$$

式中 D_{CO_2} ——CO_2 在混凝土中的扩散系数,mm^2/s;

C_{CO_2} ——混凝土表面 CO_2 的浓度,kg/m^3;

M_{CO_2} ——单位体积混凝土吸收 CO_2 的量。

V. G. Papadakis 等[79]从分子水平研究了碳化过程,从表面浓度和质量守恒的角度建立了微分方程并提出了碳化理论模型。

$$\alpha = \sqrt{\frac{2D_{e,CO_2} C_{CO_2}}{[CH]^0 + 3[CSH]^0 + 3[C_3S]^0 + 2[C_2S]^0}} \tag{1-11}$$

式中 D_{e,CO_2} ——CO_2 的有效扩散系数,m^2/s;

C_{CO_2} ——混凝土表面周围 CO_2 的浓度,%。

上述两种模型只适用于相对湿度大于 55% 的情况。虽然理论模型的每个变量均有一定的物理意义,但是在实际工程中参数不易确定。为方便工程实际应用,有学者基于碳化试验建立了经验模型,例如,V. G. Papadakis 等[80]从孔隙结构的角度出发,研究了碳化对水泥砂浆孔隙率和孔隙结构的影响;叶明勋[81]对比分析了混凝土内各组分碳化前后的体积变化以及碳化活性。

碳化对 RAC 的破坏和 NAC 类似,均是由于碱性物质被消耗,钢筋钝化膜分解,导致钢筋混凝土结构未达到服役期限就失效。据统计,英国每年有 36% 的建筑物失效是混凝土碳化引起钢筋锈造成的;苏联工业区的大部分厂房因为发生钢筋锈蚀,造成了约 400 亿卢布的总损耗值。有数据显示:空气中 CO_2 的浓度逐年增大的同时,工厂排出的废弃物也导致地下水中的 CO_2 浓度逐渐增大[82]。

大部分学者认为 RAC 抗碳化性能降低的原因是 RCA 取代率增大,RAC 的碳化深度也会增加。如 R. V. Silva 等[83]的研究表明:RCA 取代率为 100% 时,RAC 的碳化深度相较于 NAC 提高了 1.5 倍;L. Evangelista 等[84]研究发现:用再生细骨料取代天然细骨料也会降低 RAC 的抗碳化性能,100% 取代率时其抗碳化性能相较于 NAC 降低了 29%;S. C. Kou 等[85]认为 RCA 表面附着的砂浆增大了孔隙率,造成了 RAC 抗碳化性能降低;崔正龙等[86]研究了 RCA 取代率、高温蒸压养护对 RAC 抗碳化性能的影响,认为 RAC 的抗碳化性能受取代率的影响较大,随着 RCA 取代率的增大而降低,高温蒸压也会降低 RAC 的抗碳化性能;薛建阳等[87]试验研究显示:RAC 内部缺失量和碳化深度与 RCA 取代率之间是正相关的关系。但也有研究结果表明:RAC 的抗碳化性能优于 NAC,如 M. L. Salomon 等[88]认为 RAC 基体内的碱性更强,具有优良的抗碳化性能。

不少学者对影响碳化深度的因素进行了分析,主要从材料性能和环境因素出发,探讨了水灰比、温度、碳化时间、CO_2 浓度等对 RAC 抗碳化性能的影响。C. H. Wang 等[89]借助有限元软件模拟 RAC 的碳化,认为强化界面过渡区和降低水灰比可以提高 RAC 的抗碳化性能;蒋利学等[90]认为在其他条件相同的情况下,NAC 的碳化深度会随着水泥用量呈指数的倒数增长;何燕等[91]和耿欧等[92]的研究结果表明:温度是 RAC 碳化最主要的影响因素,其次是水灰比,且随着取代率的增大,RAC 的抗碳化性能降低,这与张丽娟[93]的研究结论一致;王兵等[94]认为 RAC 的碳化受到多种因素的影响,其中保护层厚度的影响最大,其次是混凝土强度、湿度、温度,CO_2 浓度对碳化影响不大;A. Kate[95]研究了龄期对 RAC 碳化深度的影响,当碳化龄期小于 28 d 时,碳化深度变化不大。

也有学者通过外掺活性物质和对骨料进行预处理等方式来提高 RAC 的抗碳化性能。R. Kurda 等[96]的理论研究结果表明:高掺量的粉煤灰会增大 RAC 的碳化深度,掺入 60% 粉煤灰的 RAC 碳化深度提高了 6 倍;RAC 的使用寿命也得到提高,其保护层可以达到 50 年的使用期限;同时 RCA 取代率也会降低 RAC 的抗碳化性能,全取代率时的 RAC 相较于 NAC 抗碳化性能远远降低,其碳化深度是 NAC 的 3.7 倍。A. Shayan 等[97]将 RCA 用硅酸钠溶液进行预处理,RAC 的抗碳化性能得到了提高。朱从香等[98]采用 3 种不同的化学浆液对 RCA 进行化学强化,通过对 RCA 进行浸泡修复提高 RAC 的抗碳化性能。李秋义等[99]从细观的角度分析了不同界面之间的显微硬度,发现界面过渡区上的

CH 在碳化过程中生成 $CaCO_3$,降低了孔隙率,填充了界面的孔隙,有效提高了老砂浆和新砂浆之间界面的显微硬度。李秋义等[100]采用物理和化学相结合的方式对 RCA 进行预处理,通过一次和二次颗粒整形,制备不同类别的 RCA 之后再进行化学浆液浸泡,研究结果显示:采用二次颗粒整形,同时采用浓度为 6％的有机硅烷防水剂浸泡 24 h 后,RAC 抗碳化性能最好,其次是化学浸泡＋一次颗粒整形,对 RAC 抗碳化性能而言,颗粒整形比有机硅烷浸泡更有效,推荐使用颗粒整形对 RCA 进行预处理。

综上所述,RAC 的碳化受到很多因素的影响,普遍认为随着 RCA 取代率的增大,其抗碳化性能减弱,粉煤灰等活性掺合料可以减小其碳化深度,但是掺量过多会带来不利影响,对 RCA 进行预处理可以提高其抗碳化性能。对 RAC 碳化性能的研究主要集中在宏观方面,对于碳化机理和碳化模型的研究较少。

1.2.4 再生混凝土抗氯离子渗透性能研究现状

氯离子侵蚀是混凝土抗侵蚀性能的重要组成部分,和碳化损伤相同的是因氯离子侵蚀而导致混凝土破坏的根本原因也是钢筋锈蚀,但不同的是氯离子侵蚀并不会导致混凝土内部碱性降低,因为氯盐呈中性,导致钢筋锈蚀是因为氯离子具有优先被吸附的特性,钢筋周围聚集的氯离子会优先发生作用吸引阳离子,使得钢筋钝化膜周围环境的碱性降低,造成钢筋锈蚀[101]。除此以外,氯离子还能通过腐蚀电池、导电、去极化等方式侵蚀,氯离子的传输渗透机理较复杂,主要通过扩散、渗透、吸附、毛细作用、弥散等方式进行,其中扩散、渗透、毛细作用最为常见[102]。混凝土内部和外部的浓度不同造成了扩散,压力差造成了渗透,干湿交替的环境造成了毛细作用。

为了系统地描述氯离子的侵蚀规律,菲克第二定律提出氯离子截面上的氯离子浓度梯度决定了氯离子的扩散通量,但菲克定律是基于严苛的假设条件,如氯离子只沿截面一维扩散,氯离子不结合等,与实际生产生活差别较大,因此有学者对其进行了修正,如 B. H. Oh 等[103]研究了不同环境因素和暴露条件对混凝土受氯离子侵蚀的影响,考虑温度、湿度、混凝土服役年限、氯离子物理结合以及自由水迁移等条件,基于菲克第二定律建立了氯离子渗透模型,该模型能很好地反映混凝土受氯离子侵蚀的状态;薛鹏飞等[104]在 M. Maage 等[105]的研究基础上修订了关于氯离子不与混凝土结合的假定,认为混凝土中氯离子的存在方式有两种:一种是结合氯离子可以和混凝土结合;另一种是自由氯离子在混凝土内不发生反应,自由存在。基于此,考虑了混凝土保护层厚度、环境因素和氯离子扩散系数,应用统计可靠度理论提出了模型,在模型中选择合适的目标可靠度便可准确预测混凝土结构的使用寿命;桂志华[106]考虑了氯离子和 OH^{2-} 浓度比值、钢筋和混凝土之间的界面温度、混凝土的电阻,建立了新的钢筋混凝土预测模型。

我国沿海地区常由于遭受海水中氯离子的侵蚀导致混凝土结构未达到设计使用年限就失效;在冬季我国大部分降雪地区为了保证交通安全采用氯盐除冰,人为增强了混凝土的氯盐渗透;同时工厂排出的废液废渣往往含有腐蚀性,其中很多是以氯离子、氯气等为主的侵蚀介质。

有研究认为:RAC 由于自身的缺陷导致其抗氯离子侵蚀性能比 NAC 差,NAC 界面过渡区的氯离子渗透系数低于 RAC。F. T. Olorunsogo 等[107]探究了 RCA 取代率为 0%、50%、100%情况下不同固化龄期 RAC 氯离子电导率的变化,试验结果表明:固化龄期为 56 d 时,100%取代率时 RAC 的吸水率相较于 NAC 增大了 28.8%,氯离子电导率提高了 86.5%,且随着 RCA 取代率的增大氯离子电导率也增大,保持 RCA 取代率不变,随着固化龄期的增加,氯离子的电导率下降。N. Otsuki 等[108]、J. Sim 等[109]研究发现:100%RCA 制成的 RAC,当再生细骨料取代率增大时,RAC 的抗压强度降低,且当粗细骨料均用再生骨料时,再生混凝土的抗压强度降低 33%。为了达到设计要求,制备全再生粗骨料混凝土时,无论是否掺入粉煤灰,其细骨料的取代率不能高于 60%。M. Limbachiya 等[110]利用 30%的粉煤灰取代水泥,同时用 30%、50%、100%的 RCA 取代 NCA,探究粉煤灰再生混凝土和普通混凝土耐久性的差别,研究结果表明:利用 30%RCA 取代 NCA 对耐久性的影响不大,推荐将 30%作为最佳掺量,掺入适量的粉煤灰和 RCA 可以提高 RAC 的抗碳化耐久性,另外掺入粉煤灰和适当降低水灰比是改善 RAC 抗氯离子侵蚀性能的有效方式。

近年来,国内外大量学者对 RAC 抗氯离子侵蚀性能的影响因素进行了分析,并取得了可观的成果。顾荣军等[111]通过试验分析了 RCA 取代率、水灰比对 RAC 内水溶性氯离子含量的影响,研究结果表明:RAC 水溶性氯离子的含量相较于 NAC 增加了 20%,随着 RCA 取代率的增大,各范围内氯离子含量增加,随着水灰比的增大,RAC 的抗氯离子性能降低,在恶劣环境中不建议使用 RAC 结构。黄莹[112]通过改变水灰比和 RCA 取代率,探究这两个指标对 RAC 抗氯离子性能的影响,研究结果表明:RAC 的抗氯离子性能和 NAC 相当,随着水灰比的增大,RAC 的抗氯离子并不是单调递减,基于此提出了 RAC 双相复合渗透模型和渗透系数的计算公式。应敬伟等[113]通过灰色关联分析了 RAC 抗氯离子性能的影响因素,认为 RAC 抗氯离子渗透性能受水灰比的影响最大,其次是矿物掺和料和龄期。S. C. Kou 等[114]将 RCA 取代率和粉煤灰掺量作为变量,将 RAC 暴露于室外 10 年后探究 RAC 的力学性能和耐久性能的变化,研究结果显示:在固化一年后,100%RAC 的劈拉强度高于 NAC,且经过 5 年后其劈拉强度和抗压强度的增幅最大,当 RCA 取代率为 50% 时,用 25% 的粉煤灰取代水泥制备成的 RAC 具有优良的力学性能和耐久性能。韦庆东等[115]的研究结果表明:RAC 的抗氯离子侵蚀性能受到粉煤灰掺量的影响,掺入适量的粉煤灰可以提高 RAC 的抗氯离子侵蚀性能,同时还认为加入粉煤灰并不影响 RCA 取代率对抗氯离子侵蚀性能的影响规律。

如何有效提高 RAC 的抗氯离子侵蚀性能,是 RAC 在沿海地区大面积应用的前提。张建强等[116]采用铝酸盐水泥浆强化 RCA 制备高性能再生混凝土,研究结果表明:经过水泥浆预处理后,RAC 的抗氯离子侵蚀性能和抗冻性能得到提高,其耐久性和基准混凝土相当。覃荷瑛[117]的试验研究结果表明:当 RCA 取代率低于 25% 时,RAC 的抗氯离子侵蚀性能和 NAC 基本相同;当取代率为 100% 时,其氯离子渗透系数是 NAC 的 2 倍。同时从细观角度分析了界面过渡区氯离子渗透系数的变化,认为 100% 取代率时 RAC 界面区的氯离子渗透系数是 NAC 的 7.7 倍,加入 25% 的粉煤灰可以使其氯离子渗透系数迅速降低到与NAC 相近的状态。K. Y. Ann 等[118]的研究结果表明:掺入 30% 的粉煤灰和 65% 的高炉矿渣粉可以提高 RAC 的抗压强度和抗氯离子侵蚀性能。邓婉君等[119]的研究结果表明:单掺或复掺粉煤灰和硅粉均能提高 RAC 的抗氯离子侵蚀性能,其中硅粉的效果最佳,RAC 的抗氯离子侵蚀表现和 NAC 相似,这和梁琳[120]的研究结果一致,梁琳还认为硅灰会提高 RAC 的抗压强度。吴相豪等[121]和叶腾等[122]研究了粉煤灰掺量和浸泡方式对 RAC 抗氯离子侵蚀性能的影响,认为随着粉煤灰掺量的增加,RAC 抗氯离子侵蚀性能先增后降,最佳掺量为 20%,干湿循环的浸泡方式会加速氯离子的侵蚀,但随着渗透深度的增加影响变小。

也有学者通过数值模拟来揭示设计指数对氯离子迁移速率的影响,如 J. X. Peng 等[123]利用数值模拟分析混凝土受氯离子侵蚀的影响因素,将混凝土看作由水泥浆、骨料、界面过渡区、裂缝、损伤区构成的互相复合材料,研究结果表明:破坏区的长度、范围以及氯离子在破坏区的扩散系数都会较大程度影响混凝土的抗氯离子侵蚀性能。Y. C. Wu 等[124]采用一种新的随机方式对 RAC 中的氯离子扩散进行数值模拟,主要探讨了微观裂缝对 RAC 抗氯离子侵蚀性能的影响,研究结果表明:RAC 中的氯离子迁移速率受界面厚度、形状、大小的影响;J. Z. Xiao 等[125]将不同 RCA 取代率的 RAC 浸泡在浓度为 10% 的氯离子溶液中,周期为 235 d,探究取代率对 RAC 氯离子扩散的影响,研究结果表明:天然混凝土中自由氯离子的含量低于 RAC,通过压汞试验发现氯离子能直接进入旧砂浆,取代率对 RAC 的影响还和浸泡时间与渗透深度有关,建立了相应的模型。

1.2.5 再生混凝土抗冻性能研究现状

我国东北、西北、青藏高原地区恶劣的气候条件会使混凝土产生冻融损伤，从而降低其抗冻耐久性。反复冻融的过程使 RAC 受到类似循环荷载的作用，在异相材质界面间产生应力畸变，内部孔隙和微小裂缝逐渐扩大，结构变得疏松性，不断劣化[126]。目前对于冻融机理的研究主要集中于静水压假说[128]、渗透压假说[129]、临界饱水度假说、温度应力假说，从孔隙结构、孔径、结冰顺序、浓度差等方面阐述了冻融破坏的基本原理，揭示了冻融破坏的本质。

同时有学者通过数值模拟，对混凝土的冻融损伤进行了研究。肖林凯[130]通过研究混凝土冻融循环过程中的质量损失和弹性模量损失，认为冻融损伤是随机疲劳和疲劳损伤共同作用下产生的破坏，建立了服从 Weibull 的损伤模型，同时完善了冻融损伤的边界条件，模型能很好地预测混凝土的冻融损伤程度和使用寿命。苏子豪[131]基于弹性模量和超声波波速建立了不同类型混凝土的冻融损伤模型。冉毅[132]通过相对动弹性模量，建立了材料系数为 1 和不为 1 的两个模型，其中材料系数是指与混凝土的温度、湿度、冻融介质、应力有关的参数，研究结果表明：当材料系数不为 1 时，模型的精度很高，试验值和理论值基本相同。王正鑫[133]采用颗粒流离散元软件对 C30 混凝土进行了模拟仿真，对 C30 混凝土的水泥砂浆胶结面和水泥浆骨料之间的界面参数进行了赋值，模拟了完整的 C30 混凝土经过冻融循环后裂缝的产生、发展及贯通的全过程。

RAC 的冻融主要是受到孔结构和界面过渡区的影响，孔结构中溶液的浓度差会造成渗透压力，孔结构因此膨胀破坏。界面过渡区是混凝土的薄弱界面，相较于其他组成部分承受应力的能力较弱。RAC 的破坏往往始于界面过渡区，界面过渡区一旦破坏，RAC 结构发生分解而不能共同作用，从而导致结构失效。因此从损伤理论出发，优化孔结构和强化界面过渡区可以从本质上提高 RAC 的耐久性。

大量学者研究了 RCA 取代率对混凝土抗冻性能的影响，认为取代率的增大会降低 RAC 的抗冻性能。王竞妍[134]研究认为：RCA 表面附着的旧砂浆对RAC 冻融损伤起主导作用，骨料损伤缺陷起次要作用。RCA 附着砂浆的结构疏松，多孔，吸水性好，在冻融循环中，性能相对差的旧砂浆的裂缝发展并诱导新砂浆产生裂缝。周宇等[135]在保持其他条件不变的情况下，探究了 5 组不同RCA 取代率时 RAC 抗冻性能的变化，研究结果表明：RCA 取代率的增大会使冻融破坏现象越来越明显，当冻融循环 150 次时，RAC 的骨料开始剥落，但经过200 次冻融循环后 RAC 仍满足耐久性规范规定的相对动弹性模量大于 60%；曹剑[136]认为再生骨料的品质决定了 RAC 抗冻性能的优劣，随着 RCA 取代率的增大,RAC 的抗冻性能随之降低;陈德玉等[137]研究了改性和未改性的 RCA 对 C40RAC 抗冻性能的影响,研究结果表明:当冻融次数大于 150 次时,RCA 对抗冻性能的影响增大,当 RCA 取代率大于 50％时抗冻性能也会降低,加入有机硅防水剂和硅灰都可以显著降低 RAC 的抗冻性能,其中硅灰的最佳掺量为 5％～10％。李卫宁[138]的试验结果表明:当冻融次数超过 175 次时,RCA 取代率大于 40％时,路面的抗冻性能明显降低,为确保抗冻性能满足要求,在路面中使用的 RCA 掺量最好不超过 50％。S. T. Yildirim 等[139]的试验结果表明:水灰比和 RCA 取代率越大,RAC 的抗冻性能越差。当 RCA 取代率低于 50％时,经过 300 次冻融循环后 RAC 的抗冻性能和 NAC 相当,何晓莹等[140]则认为 RAC 和 NAC 有相当的抗冻性能。

A. Gokce 等[141]利用引气和非引气的原生混凝土制备了含气和不含气的 RCA,探究砂浆含量和引气量对 RAC 抗冻性能的影响,研究结果表明:砂浆含量对 RAC 抗冻性能的影响不大,但砂浆是否引气对 RAC 的抗冻性能具有巨大影响。利用含有引气砂浆的 RAC 的抗冻性能得到很大程度的提高,掺入偏高岭土的 RAC 可承受 300 次冻融循环。赵飞等[142]将 100％取代率的 RAC 作为基准,探究了活性掺合料对 RAC 抗冻性能的影响,研究结果表明:随着钢渣掺量的增加,抗冻性能降低,当钢渣掺量为 15％、硅灰掺量为 5％时,RAC 的抗冻性能最佳。张浩博等[143]的研究结果表明:粉煤灰可以在一定程度上提高 RAC 的抗渗性能。当采用粉煤灰取代 10％的水泥时,RAC 的抗冻性能得到提高。相对动弹性模量(relative dynamic elastic modulus,RDEM)和粉煤灰之间的联系并不紧密,当粉煤灰掺量提高到 15％左右时,RAC 的抗硫酸盐和抗渗透性能也得到了有效提高[144]。何晓莹等[140]研究了 RCA 取代率和 0％、10％、20％低掺量粉煤灰对 RAC 质量损失、RDEM 损失的影响,试验结果表明:掺加 20％的粉煤灰可以有效降低 RAC 的冻融损伤,提高其抗冻性能,从电镜扫描观察到粉煤灰的加入可以延缓 RAC 的内部损伤。以上研究表明:添加适量的活性掺合料可以在一定程度上提高 RAC 的抗冻性能。

W. G. Chai 等[145]采用化学灌浆浸泡的方法强化 RCA,研究结果表明:经过化学预处理并加入高效减水剂的 RAC 具有优良的抗冻性能。薛丽媛等[146]认为通过水泥砂浆对 RCA 进行裹浆处理得到 RAC 的抗冻性能和 NAC 接近。M. B. D. Oliveira[147]探究了 RCA 含水率对 RAC 抗冻性能的影响,认为当骨料处于半饱和面干状态时 RAC 的抗冻性能最佳,界面过渡区的强度是影响抗冻性能的重要因素。张冲[148]研究了常温和高温下 RCA 取代率、粉煤灰掺量、水胶比等对 RAC 强度和抗冻性能的影响,研究结果表明:抗压强度很大程度上取决于水胶比值,常温下低水胶比不掺粉煤灰的 RAC 具有更好的抗冻性能。

R. M. Salem 等[149]发现低水灰比的混凝土存在更少的界面过渡区,抗冻性能更好。

1.2.6 纤维再生混凝土耐久性研究现状

聚丙烯纤维成本较低,易于加工,具有从微观到宏观的各种尺寸,且对多种化学试剂显现出惰性,成为水泥基材料中使用最广泛的纤维。陈爱玖等[150]通过试验研究了 RAC 抗冻性能与聚丙烯纤维、引气剂之间的关系,认为在 RAC 中引气能显著提高其抗冻性能,随着引气量的增加,抗冻性能增强;基于 C40 设计强度建立了不同引气量、聚丙烯纤维掺量时 RAC 冻融损伤模型,模型能很好地预测损伤值。霍俊芳等[151]采用等体积砂浆法配制强度为 C30 的 RAC,研究钢纤维和聚丙烯纤维掺量对 RAC 抗冻性能的影响,研究结果表明:纤维对冻融后期改善效果更明显,当聚丙烯纤维掺量为 $0.2\ kg/m^3$ 时,抗冻性能最佳。郝彤等[152]研究了聚丙烯纤维对Ⅱ类和Ⅲ类 RCA 的强化效果,研究结果表明:Ⅱ、Ⅲ类 RAC 抗冻性能较差,掺入聚丙烯纤维可以改善Ⅱ、Ⅲ类 RAC 的抗冻性能,但效果有限;质量损失率不能很好地反映冻融损伤,对试验数据进行非线性拟合发现指数模型有很高的精度。王磊等[153]试验研究结果表明:在干湿循环环境下随着聚丙烯纤维掺量的增加,NAC 的抗氯离子侵蚀性能先增后减,最佳掺量为 0.1%,这和王晨飞等[154]的结论一致,同时王晨飞认为盐冻过程延缓了 NAC 的破坏。

钢纤维是通过对废旧或边角钢材进行高温熔炉和拉丝制备的纤维,具有较高的抗拉强度和极限延伸率,相当于在钢筋混凝土结构中加入了许多细小的钢筋,可以起到支撑骨料细化孔隙结构的作用,因此可以提高 RAC 的耐久性。汪振双等[155]的研究结果表明:适量的钢纤维可以降低 RAC 的冻融损伤。金浩等[156]为研究钢纤维 RAC 在实际工程中受氯离子侵蚀的规律,通过试验模拟和海水相同的侵蚀环境,分析了纤维掺量、水灰比、氯离子浓度对 RAC 氯离子侵蚀的影响规律,研究结果表明:低水灰比、低氯离子浓度、适量的钢纤维均会提高 RAC 抵抗氯离子侵蚀的能力。陈爱玖等[157]的试验结果表明:RAC 的性能受到多种因素的影响,其中抗压强度主要受 RCA 取代率的影响,减水剂的用量决定了 RAC 的抗冻性能且采用铣削波纹形状的钢纤维混凝土显现出优良的抗冻性能。白敏等[158]通过试验研究了钢纤维对 RAC 抗氯离子侵蚀性能的影响,研究结果表明:氯离子扩散系数随着钢纤维掺量的增加而降低且自由氯离子含量也降低,但是当钢纤维掺量超过 2% 之后,抗氯离子侵蚀性能反而下降。M. Koushkbaghi 等[159]采用自然扩散法,分析了钢纤维、稻壳灰、RCA 取代率对 RAC 抗氯离子侵蚀性能的影响规律,研究结果表明:RCA 的取代率越高,受氯离子侵蚀的程度也越高;掺入钢纤维和稻壳灰可以提高 RAC 的抗氯离子侵蚀性能。

纤维对混凝土的增强作用是通过提高其抗拉强度,阻止裂缝的开展来实现的,因此如果采用两种不同尺寸的纤维进行混杂,尺寸小的纤维在混凝土开裂前期发挥作用。随着抗拉强度的增大,大小纤维共同作用,能同时阻止大裂缝和小裂缝的发展,达到高于单一纤维的增强效果,但纤维的混杂作用存在正向和负向。普遍认为采用弹性模量差距大的两种纤维能更好地体现正混杂效应,更大限度发挥纤维的作用。

蔡迎春等[160]通过对聚丙烯纤维进行改性研究了粗细纤维的混杂效应,认为同时掺入粗细不同的两种纤维可以更大程度提高 NAC 的抗冻性能。张伟等[161]研究了 3 种不同纤维单掺或混杂在氯盐、硫酸盐、复合溶液等环境下混凝土的冻融损伤,认为掺入等量的聚酯纤维和聚丙烯纤维能更好地提高 NAC 的抗冻性能,混杂纤维相较于单掺纤维对混凝土性能的提升更明显。王志杰等[162]在混凝土中加入了纤维素纤维、复合单丝纤维、复合微筋纤维进行单掺、混掺试验,探究纤维对 NAC 耐久性的影响,并提出纤维混杂效应,引入了混杂效应增强系数,研究结果表明:多种纤维复合产生正向的混杂效应,能有效提高混凝土的耐久性。张顼等[163]研究了钢-聚丙烯纤维天然混凝土的抗碳化性能,探究了体积掺量、混凝土强度、碳化龄期、CO_2 浓度等因素对 NAC 碳化的影响,试验结果表明:随着钢纤维掺量的增加,NAC 的抗碳化性能提高;其他条件不变时,当聚丙烯纤维掺量大于 0.06% 时,NAC 抗碳化性能的改善效果不明显,提出了碳化深度的计算公式。张克纯[164]设计了 10 组不同的配合比,对混凝土试块进行抗渗、抗裂和抗压性能测试,研究结果表明:掺入玄武岩纤维和聚丙烯纤维能够明显提高混凝土抗渗性能、抗裂性能和抗压性能;在单掺纤维的情况下,不论是玄武岩纤维还是聚丙烯纤维,掺量为 2% 时效果最好;聚丙烯纤维的提高效果优于玄武岩纤维;在其他条件相同的情况下混杂纤维混凝土的性能表现得更好。马晓华[165]研究了不同种类的纤维高性能混凝土在单掺和混杂情况下的自由收缩以及经过 200 次冻融循环后的抗压强度、劈拉强度和弯曲韧性,试验结果表明:冻融后混凝土的抗压强度下降,但劈拉强度变化不大,加入纤维可以降低混凝土冻融循环后的抗压强度损失,其中混杂的效果最好。汪飞等[166]研究了钢-聚丙烯混杂纤维对混凝土抗冻性能的影响,认为两种纤维均能提高抗冻性能,其中掺入 0.3% 的改性聚丙烯纤维 + 0.7% 钢纤维的混凝土的抗冻性能最优。董衍伟[167]试验研究了钢纤维和聚丙烯纤维在单掺和混杂的情况下经过高温和碳化后力学性能的变化,认为纤维可以防止混凝土经过高温后发生的爆裂,提出了超声波速度和残余抗压强度的回归方程,以及不同类别纤维混凝土的碳化深度预测模型。

S. J. Jin 等[168]研究了纤维掺量对混凝土抗冻性能的影响,研究结果表明:玄武岩纤维的加入可以降低 DEM 和质量损失,掺入 0.3% 的玄武岩纤维后,对混凝土抗冻性能的增强效果最明显。X. C. Fan 等[169]研究了玄武岩纤维对混凝土抗冻性能的影响,试验结果表明:在经过 100 次冻融循环后,纤维混凝土的 DEM 相较于基准混凝土提高了 47%,质量损失率是基准混凝土的 0.64 倍,纤维能有效提高混凝土的抗冻性能。李晓路[170]探究了玄武岩纤维掺量、长径比、RCA 取代率、盐酸浸泡等对 RAC 基本力学性能和耐久性的影响,认为玄武岩纤维掺量对劈拉强度和抗压强度的影响较大,纤维的长径比对 RAC 抗冻性能的影响更大。H. Katkhuda 等[171]采用盐酸溶液浸泡强化 RCA,掺入体积率为 0%~1.5% 的玄武岩纤维制成全取代率的 RAC,测试其力学性能,研究结果表明:对于未经盐酸处理的 RAC 来说,玄武岩纤维的最佳掺量为 0.5%,预处理后的 RAC 则是 0.3%。A. B. Kizilkanat 等[172]对比分析了玻璃纤维和玄武岩纤维对混凝土基本力学性能的影响,研究结果表明:抗压强度和弹性模量不受纤维掺量的影响,随着纤维掺量的提高,其值基本不变;但随着玄武岩纤维掺量的增加,混凝土的劈拉强度得到有效提高;随着玻璃纤维掺量的增加,劈拉强度先增大后保持不变;玻璃纤维最佳掺量为 0.5%;在抗裂性和延展性方面,掺入玄武岩纤维效果更好。J. F. Dong 等[173]以玄武岩纤维和 RCA 作为变量,对 BFRRC 的力学性能进行了研究,研究结果表明:纤维对 RAC 的抗压强度存在一定的增强效果,当 RCA 取代率为 50% 和 100% 时,其劈拉强度随着玄武岩纤维掺量的增加,先减小后增大。李素娟[174]通过改变设计强度、RCA 取代率以及玄武岩纤维掺量,探究了这 3 个参数对 RAC 抗压强度的影响规律,研究结果表明:抗压强度受取代率的影响,随着取代率的增大而降低;当玄武岩纤维掺量为 1.5 kg/m³ 时抗压强度的改善最明显,此时 3 种设计强度等级时 RAC 和 NAC 的抗压强度相当。

以上研究表明:纤维对混凝土的增强作用已经得到了大部分学者的认可,但是纤维的增强作用和纤维的种类、数量、形状有很大的关系,同时还受混凝土的配合比、外加剂等的影响,纤维对再生混凝土的增强机理还有待进一步研究。玄武岩纤维作为一种新型绿色环保材料,其应用前景非常可观。

1.3　本书主要研究内容

再生混凝土低强度、低流动性、低耐久性等缺点限制了 RAC 的发展和应用,为提高 RAC 的性能,将玄武岩纤维作为增强相,探究玄武岩纤维和 RCA 取代率对 RAC 基本力学性能和耐久性的影响,不但对进一步探究再生混凝土材料和结构设计有意义,而且对建筑废弃混凝土的高品质循环利用具有指导作用,主要研究内容及工作如下:

（1）通过对 180 个立方体试块和 120 个棱柱体试块开展立方体受压、轴心受压、劈裂受拉和抗折试验研究和微观结构分析，探究 RCA 取代率、玄武岩纤维掺量对 RAC 力学性能的影响，并提出 BFRRC 关于玄武岩纤维掺量的轴压比、拉压比、折压比函数关系式。

（2）通过对 72 个 150 mm×150 mm×300 mm 的棱柱体试块进行轴心抗压强度测试，分析 RCA 取代率、玄武岩纤维掺量对 BFRRC 弹性模量、泊松比、峰值应力、峰值应变的变化规律的影响。

（3）通过对 144 个 100 mm×100 mm×100 mm 的立方体试块进行快速碳化试验，实测 3 d、7 d、14 d、28 d 的碳化深度，探究玄武岩纤维掺量、RCA 取代率对碳化深度的影响；对 36 个直径为 100 mm、高为 50 mm 的圆柱体试块进行快速氯离子迁移系数（RCM）试验，分析两个设计参数对非稳态氯离子迁移系数的影响以及玄武岩纤维对 RAC 的增强作用；对 36 个 100 mm×100 mm×400 mm 的棱柱体试块进行快速冻融试验，对冻融后试件的外观损伤、质量损失、RDEM 进行分析。

（4）结合试验结果和纤维增强理论，揭示 BFRRC 的增强机理，并建立 BFRRC 耐久性指标和玄武岩纤维掺量以及 RCA 取代率之间的关系式。

2　玄武岩纤维再生混凝土配合比设计

2.1　试验原材料

（1）水泥

本试验选用 P·O 42.5 级普通硅酸盐水泥。根据《通用硅酸盐水泥》（GB 175—2020），其各项指标均符合要求并满足本试验使用要求。水泥实物如图 2-1 所示，其主要化学成分见表 2-1。

图 2-1　水泥

表 2-1　水泥主要化学成分

氧化物	CaO	Al$_2$O$_3$	MgO	Fe$_2$O$_3$	SiO$_2$	SO$_3$
质量分数/%	65.40	5.40	3.40	2.80	21.00	2.00

（2）粉煤灰

粉煤灰（fly ash，FA）也称为飞灰，属于活性粉末，是煤粉经高温处理后，煤粉中的黏土质矿物融化、冷却形成的一种超细颗粒，具有活性粉末的三个效应。本试验考虑到 RCA 孔隙率大、吸水率高等问题，在试验中加入粉煤灰，改善 RAC 的流动性，并在一定程度上提高混凝土的致密性。粉煤灰如图 2-2 所示，其物理性能参数见表 2-2。

图 2-2　粉煤灰

表 2-2　粉煤灰物理性能参数

表观密度/(g/cm³)	堆积密度/(g/cm³)	比表面积/(cm²/g)
2.45	0.989	1 375

（3）硅灰

硅灰（silica fume,SF）,也称为硅微粉,其主要成分为 SiO_2。硅灰可以和水泥水化产物 $Ca(OH)_2$ 发生化学反应,经水化反应后生成 C-S-H 凝胶。试验中加入硅灰能够提高 RAC 的早期强度。硅灰外观如图 2-3 所示,其主要物理性能参数见表 2-3。

表 2-3　硅灰主要物理性能参数

密度/(g/cm³)	堆积密度/(g/cm³)	平均粒径/μm
1.655	0.67	0.2

（4）细骨料

细骨料选用河砂,经试验测定,河砂的细度模数为 3.85,为中砂。

（5）粗骨料

粗骨料选用粒径为 5～20 mm 的连续级配的碎石。天然粗骨料外观如图 2-4 所示,其主要物理力学性能参数见表 2-4。

表 2-4　粗骨料主要物理力学性能参数

粒径/mm	表观密度/(kg/m³)	吸水率%	压碎指标值%
5～20	2 520	2.16	10.62

图 2-3   硅灰

图 2-4   天然粗骨料外观

（6）玄武岩纤维

玄武岩纤维如图 2-5 所示,其主要物理力学性能参数见表 2-5。

图 2-5   玄武岩纤维

表 2-5   玄武岩纤维主要物理力学性能参数

单维直径/mm	长度/mm	密度/(g/cm³)	抗拉强度/MPa	弹性模量/GPa	断裂延伸率/%
1.3	18	2.65	3 500	80	2.7

（7）水

试验采用普通饮用水。

（8）减水剂

减水剂选用聚羧酸系高性能减水剂。减水剂如图 2-6 所示,其主要性能参数见表 2-6。

图 2-6　减水剂

表 2-6　减水剂主要性能参数

减水率/%	含气量/%	碱含量/%	氯离子含量/%	氨含量/%
28	2.3	1.3	0.09	0.01

2.2　再生粗骨料处理及物理性能测定

2.2.1　再生粗骨料处理

试验用废弃钢筋混凝土梁经处理得到 RCA,原生混凝土的抗压强度等级为 C30。为得到与天然粗骨料相同级配的 RCA,试验前先将废弃梁人工破碎并去除梁内钢筋,得到直径小于或者等于 100 mm 的碎块。经人工初步破碎的梁如图 2-7 所示,碎块外观如图 2-8 所示。

设置破碎机阀口,将由人工破碎后制得的初步废弃混凝土碎块放入颚式破碎机处理,得到粒径为 0～30 mm 的 RCA 颗粒。然后使用摇筛机筛分得到 5～20 mm 的 RCA。试验所用颚式破碎机是上海某公司生产的 PE125×150 型机器,其外观如图 2-9 所示。试验所用摇筛机如图 2-10 所示。

图 2-11 为处理后 RAC 的外观,其针片状骨料含量少,骨料表面有部分老砂浆,表面较天然骨料粗糙。

图 2-7　人工破碎梁

图 2-8　初步破碎碎块

2.2.2　再生粗骨料物理性能测定

参照《混凝土用再生粗骨料》(GB/T 25177—2010),测定 RCA 的表观密度、吸水率、压碎指标值,见表 2-7。

表 2-7　再生粗骨料物理性能参数

粒径/mm	表观密度/(kg/m³)	吸水率/%	压碎指标值/%
5~20	2 355	6.77	16.82

根据《混凝土用再生粗骨料》(GB/T 25177—2010)中 RCA 等级划分,本试验所用 RCA 压碎指标值、表观密度属于 Ⅱ 类骨料,吸水率属于 Ⅲ 类骨料。试验所用 RCA 各项物理性能参数均符合规定,见表 2-8、表 2-9、表 2-10。

图 2-9　颚式破碎机　　　　　　　图 2-10　摇筛机

图 2-11　再生粗骨料

表 2-8　再生粗骨料压碎指标值分类　　　　　　单位:%

类别	Ⅰ类	Ⅱ类	Ⅲ类
压碎指标	<12	<20	<30

表 2-9　再生粗骨料表观密度分类　　　　　　单位:kg/m³

类别	Ⅰ类	Ⅱ类	Ⅲ类
表观密度	>2 450	>2 350	>2 250

表 2-10　再生粗骨料吸水率分类　　　　　单位：%

类别	Ⅰ类	Ⅱ类	Ⅲ类
吸水率	<3.0	<5.0	<8.0

2.3　配合比设计

试验采用体积计算法对 RAC 进行配合比计算,设计了 3 种 RCA 取代率(0%、50%、100%),4 种玄武岩纤维体积率(0%、0.1%、0.2%、0.3%),具体配合比见表 2-11。其中粉煤灰、硅灰分别占胶凝材料总量的 10%、8%。试验所用减水剂用量为 1%。

此外,由于 RCA 吸水率高于天然骨料,为保证水胶比一致,需要加入附加水。试验先放入粗、细骨料,搅拌 1 min,再依次放入水泥、硅灰、粉煤灰,搅拌 2 min,分两个阶段放入水和减水剂,搅拌至理想状态后加入玄武岩纤维和附加水。

表 2-11　玄武岩纤维再生混凝土配合比　　　　　单位：kg/m³

试块编号	水泥	硅灰	粉煤灰	砂子	再生粗骨料		天然粗骨料		减水剂	玄武岩纤维
					5～10 mm	10～20 mm	5～10 mm	10～20 mm		
BFC00	410	50	40	690	0	0	345	690	5	0
BFC01	410	50	40	690	0	0	345	690	5	2.65
BFC02	410	50	40	690	0	0	345	690	5	5.3
BFC03	410	50	40	690	0	0	345	690	5	7.95
BFRRC50	410	50	40	690	172.5	345	172.5	345	5	0
BFRRC51	410	50	40	690	172.5	345	172.5	345	5	2.65
BFRRC52	410	50	40	690	172.5	345	172.5	345	5	5.3
BFRRC53	410	50	40	690	172.5	345	172.5	345	5	7.95
BFRRC10	410	50	40	690	345	690	0	0	5	0
BFRRC11	410	50	40	690	345	690	0	0	5	2.65
BFRRC12	410	50	40	690	345	690	0	0	5	5.3
BFRRC13	410	50	40	690	345	690	0	0	5	7.95

注:BFC 为玄武岩纤维混凝土;RCA 为再生粗骨料;NCA 为天然粗骨料,BF 为玄武岩纤维;BFRRC 为玄武岩纤维再生混凝土;第一个数字 0、5、1 分别表示 0%、50%、100%再生粗骨料取代率,用 δ 表示;第二个数字 0、1、2、3 分别表示 0%、0.1%、0.2%、0.3%BF 体积率,用 λ 表示。

2.4　试块制备及再生混凝土流动性

2.4.1　试块制备

参照《混凝土物理力学性能试验方法标准》（GB/T 50081—2019），按 RCA 取代率（0%、50%、100%）、玄武岩纤维掺量（0%、0.1%、0.2%、0.3%）设计了 12 组配合比，每组 31 个试块，其中包括：12 个 100 mm×100 mm×100 mm 的试块分别测量 7 d、28 d 立方体抗压强度；3 个 100 mm×100 mm×100 mm 的试块测量 28 d 劈裂抗拉强度；6 个 150 mm×150 mm×300 mm 的试块测量 28 d 轴心抗压强度和弹性模量；4 个 100 mm×100 mm×400 mm 的试块测量 28 d 抗折强度；6 个 150 mm×150 mm×300 mm 的棱柱体试块测试 BFRRC 单轴受压状态下的应力-应变关系曲线。

所有试块装模、振动、抹平后放置于标准养护室养护，试验前 24 h 拿出晾干至表面干燥再进行力学性能试验。在量程为 1 000 kN 的电液伺服压力机上进行立方体抗压试验、劈裂抗拉试验、抗折试验。选用微机控制电液伺服压力机进行轴心抗压试验，其最大压力为 2 000 kN。

2.4.2　再生混凝土流动性

流动性是检验 RAC 性能的重要指标之一，RAC 的扩展度和坍落度见表 2-12。BFRRC 的扩展度和坍落度主要受玄武岩纤维掺量的影响。随着玄武岩纤维掺量的增加，纤维阻滞作用增大，拌合物流动性劣化，这是由于玄武岩纤维属于亲水性纤维，在拌和过程中会吸收一部分水。随着 RCA 取代率的增大，再生混凝土的坍落度和扩展度明显下降，这是因为 RCA 吸水率高。经试验测定，混凝土的坍落度几乎都在 200 mm 以上，扩展度在 300 mm 以上，流动性良好。

表 2-12　玄武岩纤维再生混凝土坍落度与扩展度

试块编号	再生粗骨料/（kg/m³）		天然粗骨料/（kg/m³）		玄武岩纤维/（kg/m³）	坍落度/mm	扩展度/mm
	5～10 mm	10～20 mm	5～10 mm	10～20 mm			
BFC00	0	0	345	690	0	260	490
BFC01	0	0	345	690	2.65	245	440
BFC02	0	0	345	690	5.3	220	300
BFC03	0	0	345	690	7.95	185	235

表 2-12(续)

试块编号	再生粗骨料/(kg/m³)		天然粗骨料/(kg/m³)		玄武岩纤维/(kg/m³)	坍落度/mm	扩展度/mm
	5～10 mm	10～20 mm	5～10 mm	10～20 mm			
BFRRC50	172.5	345	172.5	345	0	250	395
BFRRC51	172.5	345	172.5	345	2.65	240	345
BFRRC52	172.5	345	172.5	345	5.3	240	325
BFRRC53	172.5	345	172.5	345	7.95	180	260
BFRRC10	345	690	0	0	0	240	350
BFRRC11	345	690	0	0	2.65	240	330
BFRRC12	345	690	0	0	5.3	230	305
BFRRC13	345	690	0	0	7.95	130	195

2.5 电镜扫描试验

对再生混凝土进行电镜扫描试验(SEM),从微观角度揭示 BF 掺量、RCA 取代率对再生混凝土力学性能的影响。试验采用德国某公司生产的型号为 Merlin Compact 的场发射扫描电子显微镜,放大倍数为 12 万～40 万倍,采用 Schottky 热场发射(图 2-12)。从无水乙醇中取出试样在烘干箱中烘干,试样的表面应平整且具有代表性,将试样固定在小样品台上进行喷金处理形成导电层便于观察,随后按照使用说明进行试验,试验过程中应注意观察界面过渡区,以及不同颗粒物质的形态,截取图像时保持在相同放大倍数下,便于对比分析。

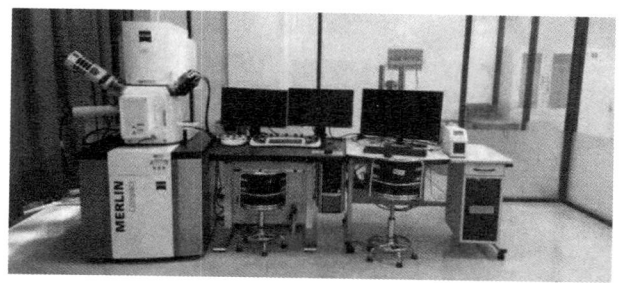

图 2-12 电镜扫描设备

2.6　本章小结

（1）废弃钢筋混凝土经过简单破碎、破碎机处理后得到的 RCA，与同级配的天然骨料相比，RCA 粗糙（表面残留水泥砂浆）、压碎值高、表观密度低。

（2）RCA 各项物理性能指标均达到《混凝土用再生粗骨料》（GBT 25177—2010）的要求，可作为混凝土骨料使用。

（3）再生混凝土的坍落度和扩展度随 RCA 取代率和 BF 掺量的增加而降低，即 RCA 和玄武岩纤维掺量会降低再生混凝土的流动性和和易性。

3 玄武岩纤维再生混凝土基本力学性能

3.1 破坏过程及破坏形态

3.1.1 立方体受压

试块加载初期,再生混凝土处于弹性变形阶段,水泥基体承受绝大部分荷载,且内部存在初始微裂纹,但再生混凝土表面无裂缝,玄武岩纤维作用不明显。伴随着荷载增大,初始微裂纹逐渐延伸,玄武岩纤维承受部分荷载;当试块表面开始出现第一条竖向裂纹,裂纹向下扩展为多条横向或斜向次生裂缝,并向试块底部快速延伸,达到极限荷载,试块最外面碎片崩落,且会发出极大的破裂声,最终呈四角锥形破坏。

玄武岩纤维掺量的增加使得再生混凝土破坏略有不同,以 50% 取代率的再生混凝土试块为例,其受压破坏形态如图 3-1 所示。未掺入玄武岩纤维时,随着荷载的增大,试块裂纹迅速延伸,破坏时断裂声剧烈、清脆。随着玄武岩纤维掺量的增加,试块裂纹发展逐渐缓慢,破坏时碎片剥落变少,破坏声变小且沉闷,表面脱落的碎块变少,试块保存越来越完整。这是因为玄武岩纤维具有阻裂、增韧的性能,使得玄武岩纤维再生混凝土在裂缝出现后具有一定的抗裂能力。

3.1.2 轴心受压

BFRRC 轴心受压破坏表现为斜截面剪切破坏。在加载初期,荷载相对极限荷载较小,大部分荷载由水泥基体承担,再生混凝土未开裂,玄武岩纤维应变小,试块表面无明显裂纹且保持完整。随着荷载逐渐增大,内部微裂纹随着应力增大而快速发展,玄武岩纤维承担部分变形力,再生混凝土进入塑性变形阶段。当荷载继续增大,塑性变形更明显,伴随着微弱的水泥基体开裂的声音,试块表面出现第一条可见微裂缝,玄武岩纤维发挥增强增韧的作用,并承担部分横向力。随着荷载继续增大,裂缝逐渐变宽并发展为多条斜向裂缝,裂缝与水平方向夹角为

（a）δ=50%,λ=0%　　　　　　　（b）δ=50%,λ=0.1%

（c）δ=50%,λ=0.2%　　　　　　　（d）δ=50%,λ=0.3%

图 3-1　立方体受压破坏形态

60°～80°,最终破坏时伴有巨大的崩裂声。试块轴心受压破坏形态如图 3-2 所示。掺加玄武岩纤维的再生混凝土最终破坏时试块表面裂缝多但依旧保持完整,不掺加玄武岩纤维的再生混凝土破坏时有大量碎块崩落,仅保留部分试块。

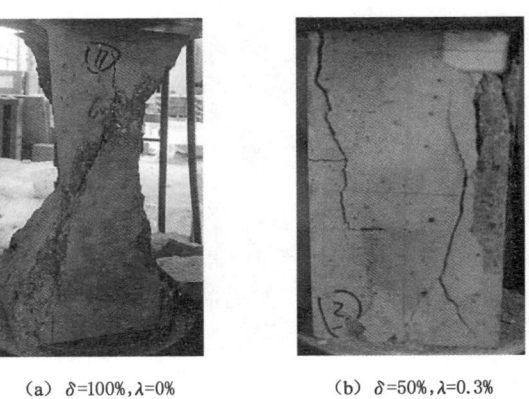

（a）δ=100%,λ=0%　　　　　　　（b）δ=50%,λ=0.3%

图 3-2　轴心受压破坏形态

3.1.3 劈裂受拉

　　试块最终被劈裂为大小相当的两半,表现为受拉破坏。在加载初期,试块表面无可见裂缝,随着试验的进行,在上垫块位置处开始出现第一条肉眼可见裂纹,随着荷载的增大,裂纹迅速向下发展为竖向宽裂缝,不掺加玄武岩纤维的RAC 在达到极限荷载后突然劈裂成两半。而掺加了玄武岩纤维的再生混凝土在第一条裂纹出现后就向周围扩展,形成多条小裂缝并伴有微弱开裂声,在达到极限荷载时劈裂成两半,表现出良好的塑性。当玄武岩纤维掺量为 0.3％时,各RCA 取代率时试块劈裂受拉破坏形态如图 3-3 所示。

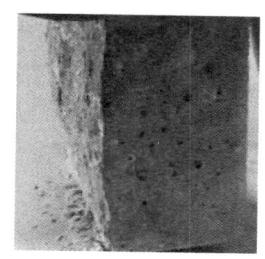

　　(a) $\delta=0\%,\lambda=0.3\%$　　　　(b) $\delta=50\%,\lambda=0.3\%$

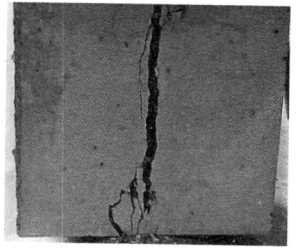

(b) $\delta=100\%,\lambda=0.3\%$

图 3-3　劈裂受拉破坏形态

3.1.4 抗折

　　BFRRC 抗折表现为拉断破坏,破坏过程分为三个阶段。

　　第一阶段,在荷载加载初期,再生混凝土处于弹性变形阶段,内部仅存在初始微裂纹,侧表面无肉眼可见裂纹。

　　第二阶段,荷载继续增加,伴随基体开裂的声音,在试块中间 1/3 部位出现第一条可见裂缝,并随着荷载的增大裂缝向竖向逐渐延伸。

第三阶段,当达到最大荷载时,试块出现竖向贯穿式裂缝,彻底破坏。随着玄武岩纤维掺量的增加,再生混凝土从第一条裂纹可见到最终破坏的时间逐渐加长,韧性明显提高。

3.2 影响因素分析

3.2.1 立方体抗压强度

随着玄武岩纤维掺量的变化,BFRRC 7 d、28 d 的抗压强度的变化如图 3-4 所示。随着 BF 掺量的增加,立方体 7 d、28 d 抗压强度增长率(x_1)的变化趋势如图 3-5 所示。随着 RCA 取代率的增大,BFRRC 7 d、28 d 的抗压强度的变化趋势如图 3-6 所示。

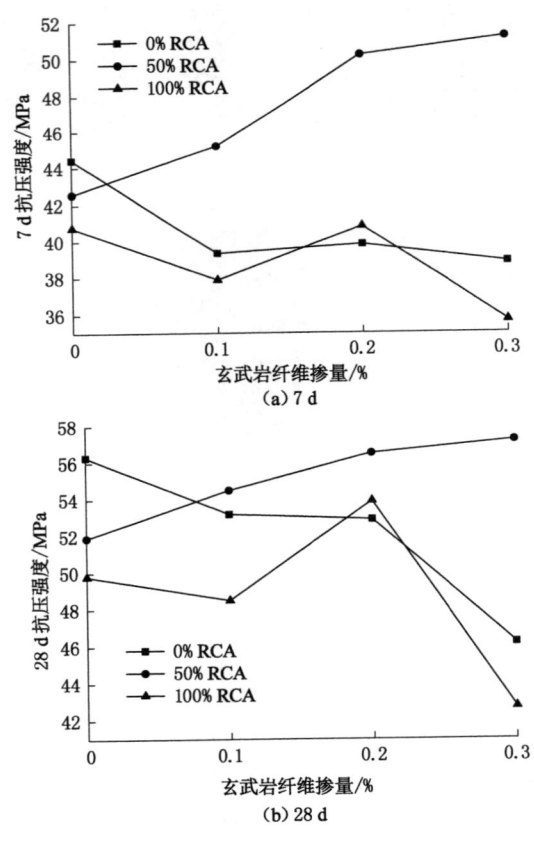

图 3-4 不同玄武岩纤维掺量时混凝土 7 d、28 d 抗压强度

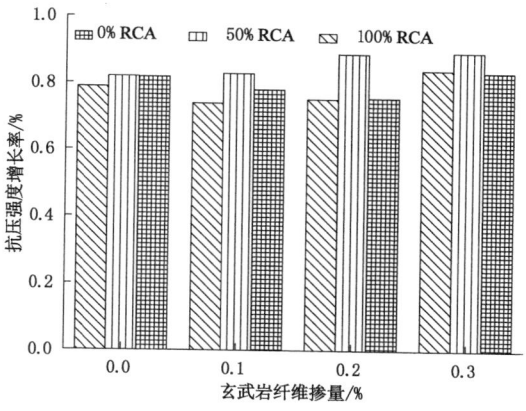

图 3-5 玄武岩纤维再生混凝土抗压强度增长率

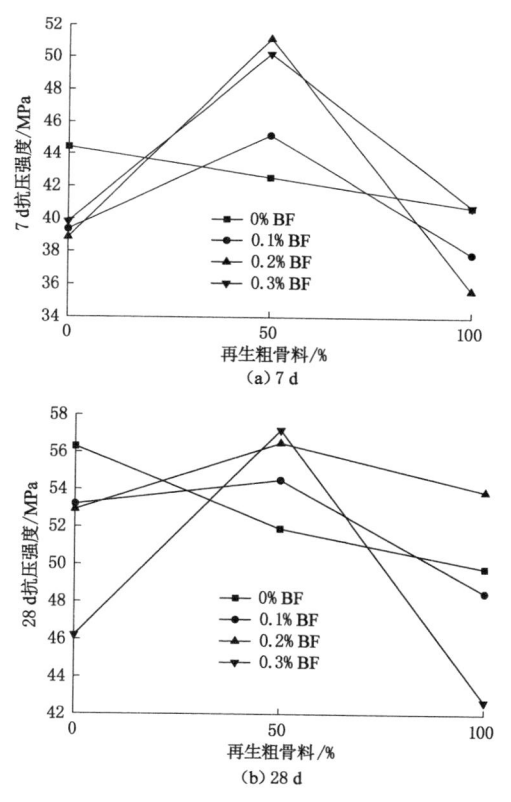

图 3-6 不同 RCA 取代率时的 BFRRC 7 d、28 d 抗压强度

由图 3-4 可知：掺加玄武岩纤维会使普通混凝土的抗压强度略有下降，掺量为 0.3％时抗压强度劣化明显，但玄武岩纤维能够有效提高 RAC 的抗压强度，尤其是在 RCA 取代率为 50％时。由图 3-4 和图 3-5 可知：BFRRC 7 d 抗压强度基本达到 28 d 抗压强度的 80％。其中，RCA 取代率为 50％时的混凝土的抗压强度发展最快，最高甚至可达到其 28 d 抗压强度的 90％。BFRRC 早期强度发展快的主要原因是加入了硅灰和粉煤灰，这些活性粉末具有填充效应、微集料效应和火山灰效应。活性粉末中的 SiO_2、Al_2O_3 等和混凝土中 $Ca(OH)_2$ 等碱性物质反应生成 $CaSiO_3 \cdot nH_2O$ 等胶凝物质，从而改善混凝土强度和工作性能等。当 RCA 取代率为 50％时，早期强度发展最快，这是由于 RCA 表面粗糙，各组分拌和更均匀，加快了 RAC 前期的水化反应，早期抗压强度相对较高。当 RCA 取代率为 100％时，RAC 流动性下降明显，各组分分布均匀性下降，限制了 BFRRC 的早期强度发展。

如图 3-4(b)所示，当 RCA 取代率为 0％时，RAC 的抗压强度随着玄武岩纤维掺量的增加呈减小的趋势，分别降低了 5.5％、6％、17.9％；当 RCA 取代率为 50％时，RAC 的抗压强度随着玄武岩纤维掺量的增加而增大，分别增大 5％、8.86％、10.2％；当 RCA 取代率为 100％时，随玄武岩纤维掺量的增加，RAC 的抗压强度先减小后增大再减小，分别是－2.61％、8.23％、－14.26％。试验结果表明：玄武岩纤维对普通混凝土和 RAC 的影响效果不一致。随着玄武岩纤维掺量的增加，普通混凝土的抗压强度越来越低，这是因为在拌和和水泥水化阶段，纤维越多团聚现象越严重，使得试块 28 d 抗压强度降低。对 RAC 而言，当 RCA 取代率为 50％时，抗压强度随着纤维掺量的增加逐渐增大，其原因：一是 RCA 表面粗糙，有利于玄武岩纤维均匀分布，不易团聚；二是玄武岩纤维在搅拌过程中填充了 RCA 孔隙；三是玄武岩纤维在 RCA 与老砂浆、RCA 与新砂浆过渡区均形成连接面，混凝土内部紧密度增大，即 BF 和 RAC 形成互补作用，使得 BFRRC 抗压强度增大。当 RCA 取代率为 100％时，玄武岩纤维掺量为 0.1％的 RAC 的抗压强度比不掺玄武岩纤维的 RAC 的抗压强度降低了 2.72％，这是由于 RCA 含量高且性能差。当玄武岩纤维掺量为 0.2％时，玄武岩纤维较好地填充了 RCA 表面孔隙，此时 RAC 抗压强度增大。但是当玄武岩纤维掺量达到 0.3％时，由于 RCA 和玄武岩纤维均具有吸水性，RAC 流动性变差，玄武岩纤维分散困难，团聚现象严重，抗压强度大幅度下降。

如图 3-6 所示，玄武岩纤维掺量为 0％时的 RAC 的抗压强度随取代率的增大而减小；玄武岩纤维掺量为 0.1％～0.3％时的 RAC，随着取代率的增大其抗压强度呈先增大后减小的趋势。主要原因是 RCA 相较于天然骨料具有孔隙率大、吸水率大、包裹覆盖部分硬化的水泥砂浆、界面过渡区薄弱等劣势，因此当玄武岩纤维掺量为 0％时，随着 RCA 取代率的增大，RAC 内部黏结强度越差，抗压强度越低。加入 BF 后，一方面 RCA 孔隙被纤维填充，孔隙率减小；另一方面 RCA 表面粗糙有利于纤维的均匀分布和桥接效果，此时，玄武岩纤维与 RCA 改善效果占主要影响，因此当 RCA 取代率为 50％时抗压强度增大，但是当 RCA 取代率增大到 100％时，RCA 劣势明显，其抗压强度呈现减小的趋势。

如图 3-6(a)所示，RCA 取代率为 50％时的 BFRRC 立方体抗压强度与玄武岩纤维掺量基本呈线性关系。运用最小二乘法原理，得到的 BFRRC 立方体抗压强度关于玄武岩纤维掺量 λ 的无量纲方程如式(3-1)所示。

$$f_{cu,5\lambda}/f_{cu,0\lambda} = 0.992\lambda + 0.91 \quad (R^2 = 0.92) \tag{3-1}$$

式中，$f_{cu,5\lambda}$ 为不同玄武岩纤维掺量时 RCA 取代率为 50％时的 BFRRC 立方体抗压强度；$f_{cu,0\lambda}$ 为不同玄武岩纤维掺量时 RCA 取代率为 0％时的 BFRRC 立方体抗压强度。

3.2.2 轴心抗压强度

随着玄武岩纤维掺量的变化，BFRRC 的 28 d 轴心抗压强度如图 3-7(a)所示。随着 RCA 的取代率增大，28 d 轴心抗压强度的变化趋势如图 3-7(b)所示。

如图 3-7(a)所示，在 RCA 取代率相同的情况下，随着玄武岩纤维掺量的增加，RCA 取代率为 0％时的混凝土轴心抗压强度逐渐降低，分别下降 5.18％、6.25％、16.43％；RCA 取代率为 50％时轴心抗压强度逐渐增大，分别增大 8.70％、12.63％、18.43％；取代率为 100％时其轴心抗压强度先减小后增大再减小，分别为 −6.81％、+9.90％、−11.87％，变化规律与立方体抗压强度一致。主要原因是均匀分布的玄武岩纤维能有效阻滞裂纹发展，从而改善 BFRRC 的轴心抗压强度。对 RCA 取代率为 0％的混凝土，玄武岩纤维掺量越多，团聚现象越严重，BFRRC 轴心受压能力越差。对 RCA 取代率为 50％的 RAC，粗糙的 RCA 使玄武岩纤维分布更均匀，BFRRC 的轴心抗压强度提高。对取代率为 100％的 RAC，当玄武岩纤维掺量少时，纤维和 RCA 互补作用发挥不明显；当玄武岩纤维掺量达到 0.2％时，界面过渡区形成充分多的连接面；当 RAC 承受荷载时，连接面分担部分荷载，其轴心抗压强度最高；当玄武岩纤维掺量为 0.3％时，玄武岩纤维不能在 RAC 内部均匀分布，团聚现象严重，轴心抗压强度大幅度下降。

如图 3-7(b)所示，在玄武岩纤维掺量相同的情况下，随着 RCA 取代率的增大，玄武岩纤维掺量为 0％时的混凝土轴心抗压强度逐渐下降，趋势和其立方体抗压强度趋势一样；玄武岩纤维掺量为 0.1％～0.3％时的 RAC 在取代率为

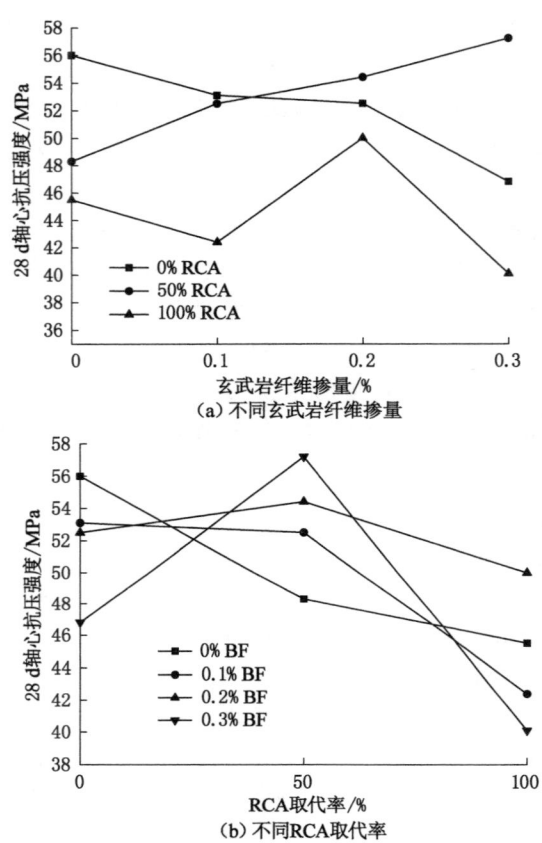

图 3-7 不同玄武岩纤维掺量、RCA 取代率时的 28 d 轴心抗压强度

50％时的轴心抗压强度最高,这是因为 RCA 吸水率高、压碎值大。因此,当玄武岩纤维掺量为 0％时,RCA 取代率越大,RAC 的轴心抗压强度越低。在 RAC 中加入玄武岩纤维,有利于 RCA-新砂浆界面、老砂浆-新砂浆界面的黏结力的提高,从而使 RAC 的轴心抗压强度提高。但是取代率过高时,大部分水被 RCA 及 RCA 表面硬化的水泥砂浆吸收,造成混凝土的早期收缩大,轴心抗压强度降低。

如图 3-7(a)所示,RCA 取代率为 50％时的 BFRRC 轴心抗压强度与玄武岩纤维掺量基本呈线性关系。运用最小二乘法原理,得到的 BFRRC 轴心抗压强度关于玄武岩纤维掺量 λ 的无量纲方程如式(3-2)所示。

$$f_{c,5\lambda}/f_{c,0\lambda} = 1.127\lambda + 0.86 \quad (R^2 = 0.93) \tag{3-2}$$

式中,$f_{c,5\lambda}$ 为不同玄武岩纤维掺量时 RCA 取代率为 50％的 BFRRC 轴心抗压强度；$f_{c,0\lambda}$为不同玄武岩纤维掺量时 RCA 取代率为 0％的 BFRRC 轴心抗压强度。

3.2.3 劈裂抗拉强度

劈裂抗拉强度是反映混凝土抗拉性能、韧性的重要指标之一。随着玄武岩纤维掺量的增加，BFRRC 28 d 的劈裂抗拉强度的变化趋势如图 3-8(a)所示。随着 RCA 取代率的增大，BFRRC 28 d 的劈裂抗拉强度的变化趋势如图 3-8(b)所示。

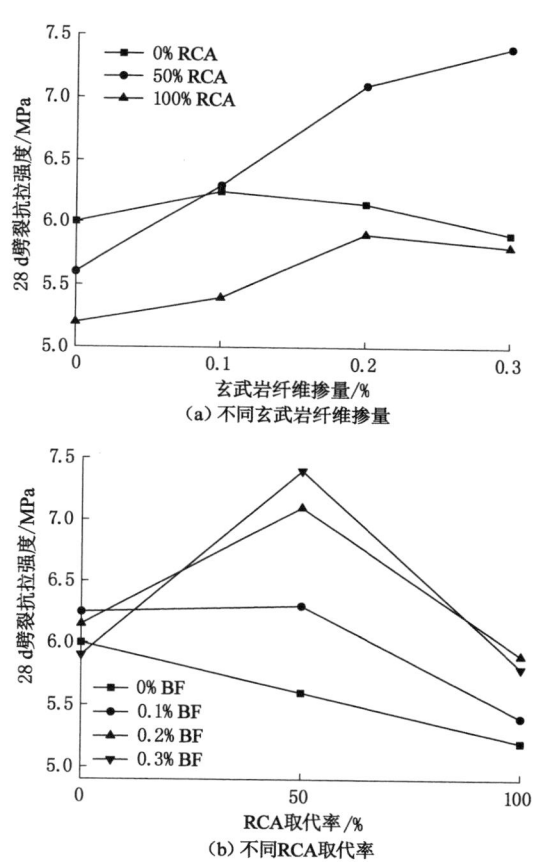

图 3-8　不同玄武岩纤维掺量和 RCA 取代率时 28 d 劈裂抗拉强度

如图 3-8(a)所示，随着玄武岩纤维掺量的增加，RCA 取代率为 0％时的 RAC 的劈裂抗拉强度先增大后减小，分别变化 4.17％、1.60％、−4.07％，纤维掺量为 0.1％时最佳；当 RCA 取代率为 50％时，RAC 的劈裂抗拉强度逐渐增大,分别增大 12.50%、12.70%、4.23%;当 RCA 取代率为 100% 时,RAC 的劈裂抗拉强度先增大后减小,分别变化 3.85%、9.26%、1.70%,纤维掺量为 0.2% 时最佳。玄武岩纤维抗拉强度高,能很好地和 RAC 相结合,增强 RAC 的劈裂抗拉强度,但取代率不同,其影响效果有差异。对 RCA 取代率为 0% 时的混凝土,玄武岩纤维超过 0.1% 时混凝土劈裂抗拉强度开始减小,主要是由于玄武岩纤维开始团聚,阻碍受拉时纤维作用的发挥,降低劈裂抗拉强度。对于 RAC 而言,当玄武岩纤维掺量适当时,玄武岩纤维能有效改善 RCA 与新砂浆界面、RCA 与老砂浆界面、天然骨料与老砂浆界面、天然骨料与新砂浆界面的黏结强度,提高 RAC 抗拉性能、韧性、RAC 劈裂抗拉强度;但是当掺量过大时,玄武岩纤维吸水量增大,拌合物流动性差,阻碍胶凝材料水化反应的进行,甚至造成严重的纤维团聚现象,导致劈裂抗拉强度降低。

如图 3-8(b) 所示,在玄武岩纤维掺量相同的情况下,普通混凝土随着 RCA 取代率的增大逐渐降低,随着 RCA 取代率的增大,RAC 的劈裂抗拉强度呈先增大后减小的趋势。增大的主要原因是 RCA 表面粗糙有利于玄武岩纤维在混凝土中均匀分布,且部分玄武岩纤维在搅拌过程中被分裂成直径更小的细丝,在 RAC 内部紧密相连,形成有效的桥接纤维网,当 RAC 内部裂纹因受力逐渐扩展时,BF 能够分担更多开裂荷载,从而有效提高 RAC 韧性。劈裂抗拉强度减小主要是由于 RCA-老砂浆界面、RCA-新砂浆界面、天然骨料-老砂浆界面过渡区是劈拉破坏薄弱区。当 RCA 含量过高,界面薄弱区变多,远远超过玄武岩纤维能够承担的开裂荷载时,抗劈拉破坏能力降低。

如图 3-8(a) 所示,玄武岩纤维掺量与取代率为 50% 的 BFRRC 的劈裂抗拉强度表现为明显的线性关系。运用最小二乘法拟合,得到的 BFRRC 的劈裂抗拉强度关于玄武岩纤维掺量 λ 的无量纲方程如式(3-3) 所示。

$$f_{ts,5\lambda}/f_{ts,0\lambda} = 1.109\lambda + 0.92 \quad (R^2 = 0.98) \tag{3-3}$$

式中,$f_{ts,5\lambda}$ 为不同玄武岩纤维掺量时 RCA 取代率为 50% 的 BFRRC 劈裂抗拉强度;$f_{ts,0\lambda}$ 为不同玄武岩纤维掺量时 RCA 取代率为 0% 的 BFRRC 劈裂抗拉强度。

3.2.4 抗折强度

抗折强度是反映玄武岩纤维增强、增韧性能的重要指标。当 RCA 取代率相同时,随着玄武岩纤维掺量的增加,RAC 28 d 抗折强度变化趋势如图 3-9(a) 所示。当玄武岩纤维掺量相同时,随着 RCA 取代率的增大,RAC 28 d 抗折强度变化趋势如图 3-9(b) 所示。

如图 3-9(a) 所示,RCA 取代率一定的情况下,随着 BF 掺量增加,RCA 取代率为 0% 时的 RAC 的抗折强度先增大后减小,分别增大 1.35%、3.41%、−1.18%;

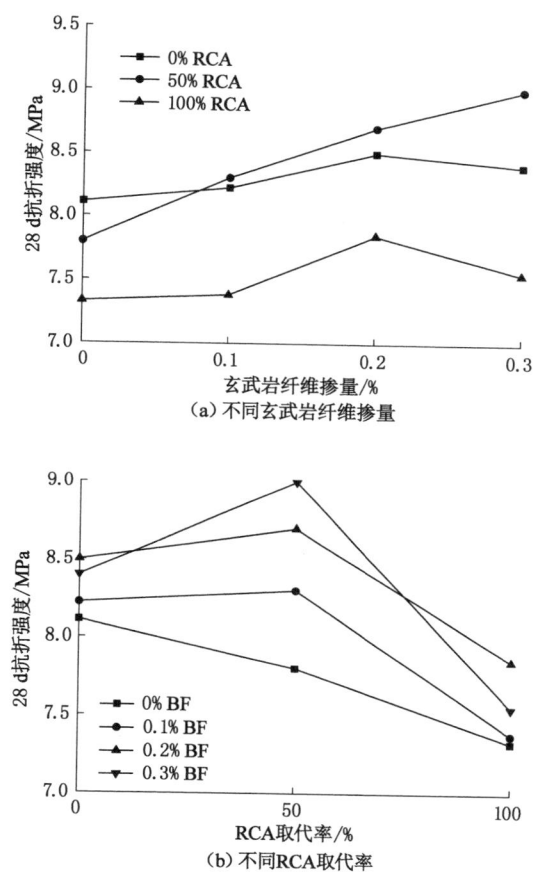

图 3-9　不同玄武岩纤维掺量、RCA 取代率时的 BFRRC 28 d 抗折强度

RCA 取代率为 50％时的 RAC 的抗折强度逐渐增大,分别增大 6.41％、4.81％、3.45％;RCA 取代率为 100％时的 RAC 抗折强度先增大后减小,分别增大 0.68％、6.36％、−3.82％。这表明玄武岩纤维会影响 RAC 的抗折强度的变化趋势,其原因:一方面,掺入玄武岩纤维承载部分拉应力,约束试块承受荷载时裂缝的发展;另一方面,玄武岩纤维抗拉强度高,弹性模量大,提高了新老界面黏结力,从而大幅度提高 RAC 的抗折强度。当玄武岩纤维掺量为 0.3％时,纤维团聚会影响 RAC 内部致密性,因此抗折强度劣化。

如图 3-9(b)所示,BFRRC 的变化趋势与其劈裂抗拉强度的变化趋势相似。在 RCA 取代率相同的情况下,当玄武岩纤维掺量为 0％时,抗折强度随着取代率的增大逐渐降低。当纤维掺量为 0.1%～0.3% 时,抗折强度随着取代率增大而增大,取代率为 50% 时最高。主要原因是在 RCA 取代率适宜的情况下,玄武岩纤维既能改善 RCA 性能,又能达到增强增韧的效果,使得 RAC 抗折强度明显改善。而 RCA 取代率为 100% 时,界面过渡区多且薄弱,更容易出现裂纹,导致 RAC 更容易破坏。

如图 3-9(a)所示,RCA 取代率为 50% 的 BFRRC 抗折强度随着玄武岩纤维掺量的增加呈线性关系变化。运用最小二乘法拟合,得到的 BFRRC 抗折强度关于玄武岩纤维掺量 λ 的无量纲方程如式(3-4)所示。

$$f_{b,5\lambda}/f_{b,0\lambda} = 0.34\lambda + 0.96 \quad (R^2 = 0.94) \tag{3-4}$$

式中,$f_{b,5\lambda}$ 为不同玄武岩纤维掺量时 RCA 取代率为 50% 的 BFRRC 抗折强度;$f_{b,0\lambda}$ 为不同玄武岩纤维掺量时 RCA 取代率为 0% 的 BFRRC 抗折强度。

3.3 玄武岩纤维再生混凝土强度指标换算

3.3.1 轴心抗压强度与立方体抗压强度

轴压比是反映混凝土延性的重要指标,但是纤维对取代率不同的 RAC 的力学性能影响不同,普通混凝土的强度换算关系式已经不适用于再生混凝土。为了揭示玄武岩纤维对 RCA 取代率为 50% 时的 BFRRC 的抗压性能影响规律,通过实测数据拟合得到 f_c/f_{cu} 与 λ 的关系曲线(图 3-10)。

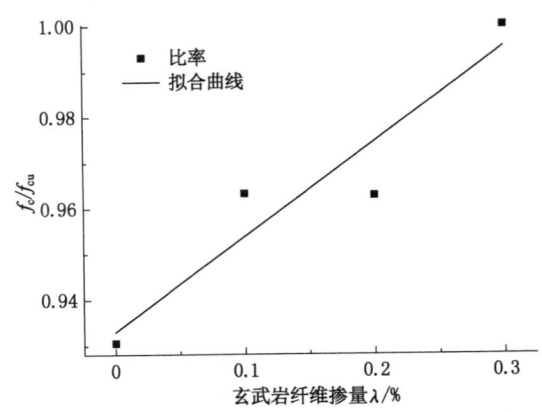

图 3-10 f_c/f_{cu} 与 λ 的关系曲线

如图 3-10 所示,随着玄武岩纤维掺量的增加,再生混凝土的轴心抗压强度与立方体抗压强度的比值呈现线性增长趋势。基于实测数据,建立 f_c/f_{cu} 与玄武岩纤维掺量的函数关系式如下:

$$f_c/f_{cu} = 0.21\lambda + 0.93 \quad (R^2 = 0.84) \tag{3-5}$$

3.3.2 劈裂抗拉强度与立方体抗压强度

劈裂抗拉强度与立方体抗压强度的比值称为拉压比。RAC 的延性可以由拉压比反映。根据试验数据,运用最小二乘法,拟合得到 RCA 取代率为 50% 时的 BFRRC 的 f_{ts}/f_{cu} 与玄武岩纤维掺量的关系曲线,如图 3-11 所示。

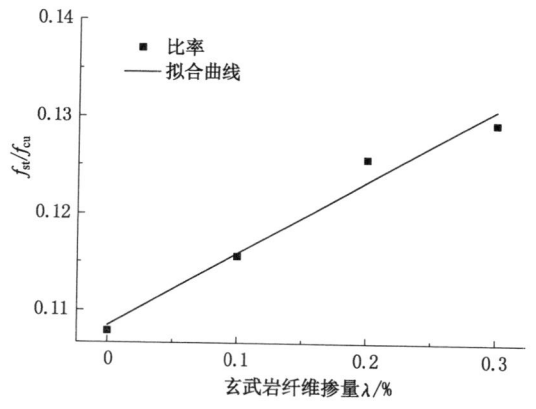

图 3-11　f_{ts}/f_{cu} 与 λ 的关系曲线

如图 3-11 所示,BFRRC 的 f_{st}/f_{cu} 与玄武岩纤维掺量呈线性关系,通过试验数据建立再生混凝土 f_{st}/f_{cu} 与玄武岩纤维掺量的函数关系式如下:

$$f_{st}/f_{cu} = 0.07\lambda + 0.15 \quad (R^2 = 0.96) \tag{3-6}$$

3.3.3 抗折强度与立方体抗压强度

折压比是反映混凝土抗裂性能的指标之一。试验发现:随着玄武岩纤维掺量的增加,再生粗骨料取代率为 50% 时的 BFRRC 的抗折强度与立方体抗压强度呈线性增长。为了研究玄武岩纤维对再生混凝土的抗裂作用,利用实测数据,运用最小二乘法原理,拟合得到 f_b/f_{cu} 与 λ 的关系曲线,如图 3-12 所示。

如图 3-12 所示,再生混凝土的抗折强度与立方体抗压强度比值表现出极强的线性关系,基于实测数据,运用最小二乘法,拟合得到 f_c/f_{cu} 与玄武岩纤维掺量的函数关系式:

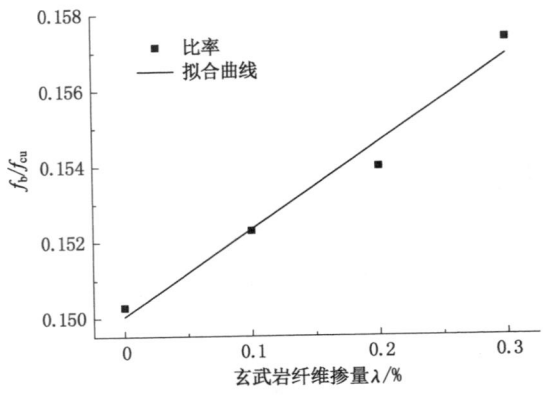

图 3-12　f_b/f_{cu} 与 λ 的关系曲线

$$f_b/f_{cu} = 0.02\lambda + 0.15 \quad (R^2 = 0.84) \tag{3-7}$$

3.4　纤维增强理论分析

3.4.1　纤维的分布与搭接对水泥基体性能的影响

BFRRC 属于由多种不同性能的材料混合而成的多相复合材料。把多相复合材料中相对紧密连续的几相称为基体,能被基体包容的相称为增强材料,二者过渡区称为界面。为便于分析,本试验把玄武岩纤维作为增强材料,其他部分称为水泥基体。玄武岩纤维具有阻裂、增强、增韧功能,掺入玄武岩纤维一方面能够提高 RAC 之间的黏聚力,另一方面阻止或延缓裂缝的发展,提高 RAC 的抗开裂能力。而掺入纤维的再生混凝土的基本力学性能受多种因素的影响,就纤维而言,纤维种类、纤维掺量、纤维长度、纤维分布等均会影响制备的 RAC 的性能。在微观层次上,纤维的分布与搭接会影响水泥基体、界面过渡区的黏结程度。

采用电子显微镜观察玄武岩纤维放大 500 倍后的图像,如图 3-13(a)所示。玄武岩纤维表面光滑,无分叉,这在一定程度上有利于玄武岩纤维能够更好地均匀分布于水泥基体中。如图 3-13(b)所示,在 RAC 中的再生粗骨料表面附着新砂浆,且与新砂浆连接紧密。如图 3-13(c)所示,玄武岩纤维填充再生混凝土孔隙,玄武岩纤维的分布与搭接对 RCA 的作用表现在两个方面:一是玄武岩纤维与 RCA、新老砂浆连接紧密,提高了 RCA-新砂浆界面、老砂浆-新砂浆界面的黏结强度,BFRRC 结构致密,强度提高。二是降低了 RCA 孔隙率,改善了 RCA

的物理性能,这主要是因为玄武岩纤维在搅拌过程中被分裂成直径更小的细丝,部分进入 RCA 孔隙中,达到填充孔隙的目的。

(a)玄武岩纤维　　　　　　　(b)RCA-新砂浆界面过渡区

(c)玄武岩纤维填充骨料孔隙　　　(d)玄武岩纤维拔出基体

(e)玄武岩纤维和基体　　　　　(f)玄武岩纤维分布与搭接

图 3-13　玄武岩纤维在再生混凝土中的分布与搭接

如图 3-13(d)所示,玄武岩纤维从基体中拔出后,玄武岩纤维孔洞光滑无气孔,从微观层面上反映了玄武岩纤维与再生混凝土的黏结效果较好。如图 3-13(e)所示,玄武岩纤维在再生混凝土中交叉分布,且玄武岩纤维表面粘连部分胶凝材料。结合图 3-13,玄武岩纤维对水泥基体有阻裂、增韧作用。一是增强玄武岩纤维-基体间的机械咬合力,二是提高纤维-基体界面黏结力,从而阻止裂缝发展。玄武岩纤维在再生混凝土拌和过程中随机分布在水泥基体中,粗糙的再生骨料使得玄武岩纤维分布相对均匀,形成更均匀的混合物,因此玄武岩纤维和水泥基体黏结紧密,达到增强 BFRRC 机械咬合力的作用。此外,再生混凝土内部本身就存在微裂纹,加入玄武岩纤维,随着荷载的增加,微裂纹继续发展,玄武岩纤维与基体之间的摩擦力增大,限制和延缓了微裂纹的发展,达到增强 BFRRC 延性和韧性的作用。

3.4.2 玄武岩纤维的桥接对水泥基体开裂的阻裂作用

由 BFRRC 的基本力学性能试验结果可知:玄武岩纤维能够改善 RAC 的强度和韧性,当 RCA 取代率为 50% 时更明显。为了从微观揭示玄武岩纤维对 RAC 的阻裂作用,结合试验数据及 SEM,以 RCA 取代率为 50%、玄武岩纤维掺量为 0.2% 的 RAC 的劈裂抗拉强度试验为例,玄武岩纤维在再生混凝土水泥基体中受力前后的桥接约束作用如图 3-14(a)、图 3-14(b)、图 3-14(c)所示。

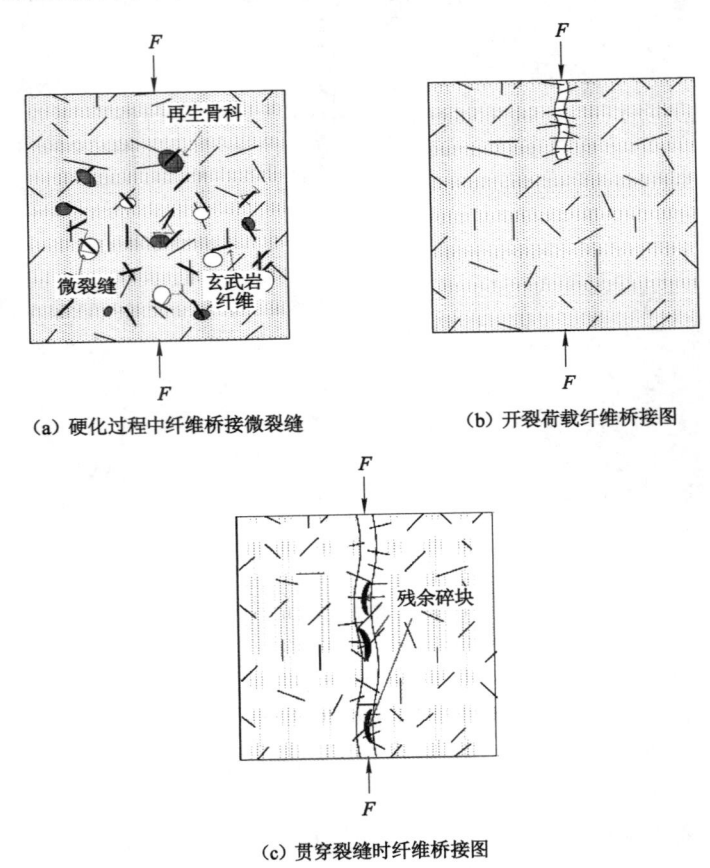

图 3-14 玄武岩纤维桥接水泥基体

玄武岩纤维对再生混凝土水泥基体的桥接约束作用分为三个阶段：

第一阶段，在 RAC 养护硬化过程中，RAC 之间存在少部分微裂纹。当 RAC 中掺入玄武岩纤维，玄武岩纤维和水泥基体形成纤维-基体界面，约束内部微裂纹的发展和延伸。

第二阶段，由于玄武岩纤维在基体中随机乱向分布，纵横交错。当 RAC 加载至出现第一条肉眼可见裂缝时，若玄武岩纤维掺量少时，沿裂缝处分布的大部分玄武岩纤维被拔出或拉断，只能分担部分横向拉伸力，延缓裂缝向下延伸以及横向多裂纹发展的趋势，但是当玄武岩纤维掺量足够多时，纤维能够承担大部分横向拉伸力，减缓应力集中，有效阻止裂缝的延伸和发展，使得玄武岩纤维混凝土表现出更好的韧性。

第三阶段，试块被压坏，形成贯穿裂缝。当试块破坏时，除存在贯穿裂缝，断面还存在未脱落的碎块。对试块碎块断面表面进行扫描电镜观察发现断面表面存在大量的玄武岩纤维，这表明玄武岩纤维与基体间黏结性能良好。

3.4.3 玄武岩纤维再生混凝土的复合效应

玄武岩纤维对 RCA 取代率为 0% 的混凝土改善效果不明显，甚至会劣化，但是对 RAC 力学性能的改善效果明显，尤其是 RCA 取代率为 50% 的 BFRRC，其抗压强度、劈拉强度、抗折强度超过同配合比的普通混凝土，这说明玄武岩纤维、RCA 二者之间存在复合效应，使得 BFRRC 性能得到改善。

为定性分析玄武岩纤维、RCA 二者对 RAC 的复合效应，基于复合材料理论，将 BFRRC 看作多相复合材料，共分成三相，RCA 为一相，玄武岩纤维为一相，剩余材料为一相。提出 RCA-玄武岩纤维复合效应：

（1）促进 BFRRC 水化反应的快速进行。

玄武岩纤维、RCA 都具有吸水性，在混凝土搅拌过程中，使得内部水在混凝土中分布更均匀，有利于水泥水化反应的充分进行。但是玄武岩纤维、RCA 掺量超过一定值后，RAC 流动性下降，玄武岩纤维团聚现象严重，造成混凝土内部微裂纹、孔隙大量形成，降低内部密实度，BFRRC 性能下降。

（2）有利于玄武岩纤维的均匀分布，形成有效搭接。

RCA 表面附着的水泥砂浆使得其表面较为粗糙，而玄武岩纤维属于柔性纤维，玄武岩纤维能够在混凝土内部分布更均匀，形成玄武岩纤维连接网格，在承受荷载时，BFRRC 表现出良好的韧性。

（3）填充 RCA 孔隙，提高界面黏结强度。

RCA 孔隙率高，玄武岩纤维在搅拌过程中极易被分裂成更细的细丝，这些直径更小的细丝一方面可以填充 RCA 孔隙，另一方面随着基体装模成型，提高

RCA-新砂浆界面的黏结强度,从而提高 BFRRC 的抗压能力。

3.5 本章小结

通过对 180 个立方体试块和 120 个棱柱体试块开展立方体受压、轴心受压、劈裂受拉和受折试验研究及微观分析,根据试验结果分析,得出以下结论:

(1)随着玄武岩纤维掺量的增加,BFRRC 受压破坏声音变沉闷,崩碎碎块减少,试块趋于完整;轴心受压破坏为剪切破坏,表面裂缝多但是保持完整;劈裂受拉表现为受拉破坏,最终劈裂成大小相当的两半;抗折破坏表现为拉断破坏,贯穿式裂缝发展慢,韧性明显增强。

(2)玄武岩纤维对 RCA 取代率为 0% 的混凝土的立方体抗压强度、轴心抗压强度影响不大,其劈裂抗拉强度、抗折强度随着玄武岩纤维掺量的增加先增大后减小。随着 RCA 取代率的增大,其抗压强度、劈裂抗拉强度、抗折强度逐渐降低。

(3)随着玄武岩纤维掺量的增加,RCA 取代率为 50% 时的 RAC 的抗压强度、轴心抗压强度、抗折强度、劈裂抗拉强度逐渐增大,且均高于同配合比的 RCA 取代率为 0% 和 100% 时的 RAC。

(4)随着玄武岩纤维掺量的增加,RCA 取代率为 50% 时的 RAC,其立方体抗压强度、轴心抗压强度、劈裂抗拉强度、抗折强度呈线性增长。根据试验数据,建立了 BFRRC 的 $f_{cu,5\lambda}/f_{cu,0\lambda}$、$f_{c,5\lambda}/f_{c,0\lambda}$、$f_{ts,5\lambda}/f_{ts,0\lambda}$、$f_{b,5\lambda}/f_{b,0\lambda}$ 与玄武岩纤维掺量 λ 的关系式,提出了关于 λ 的 BFRRC 轴压比、拉压比、折压比计算公式。

(5)结合试验结果和电镜扫描分析,提出了再生粗骨料取代率和玄武岩纤维之间的复合效应,为进一步研究 BFRRC 提供参考。

4 玄武岩纤维再生混凝土应力-应变关系曲线试验研究

4.1 玄武岩纤维再生混凝土试验加载

BFRRC 应力-应变关系曲线测试共计 12 组,每组采用 6 个 150 mm×150 mm×300 mm 棱柱体试块。其中 3 个试块用于测量其轴心抗压强度 f_{cp},另外 3 个试块用于测试其应力-应变关系曲线。

试验过程中需要注意:

(1)为防止试块偏心受压,加载前灵活调整试块位置,直至把试块放在下压板的正中心位置。

(2)3 次轴心抗压强度取平均值作为每组的基准轴心抗压强度。若试块的抗压强度与其轴心抗压强度的差值超过 20%,应重新测试。

(3)由于试块强度高,破坏时会伴随极大的崩裂声,并且可能有碎块突然飞出,为保证周围人员的安全及试验的顺利进行,在机器周围覆盖一层布,试验安全布置如图 4-1 所示。

图 4-1 试验安全布置

4.2 玄武岩纤维再生混凝土破坏过程及形态

在单轴受压状态下,BFRRC 的最终破坏形态呈斜截面剪切破坏。破坏过程可以分为三个阶段:第一阶段,加载初期,应变值几乎呈直线增大,但试块表面无明显裂纹;第二阶段,应变值继续增大,试块内部有轻微破裂声,试块表面开始出现可见裂纹,随着荷载的增加,裂纹扩展成裂缝并逐渐向下发展;第三阶段,达到极限荷载时,应变值达到最大值,试块形成贯穿式裂缝,并伴随着巨大的崩裂声,试块彻底破坏。

如图 4-2 所示,BFRRC 的最终破坏形态与普通混凝土相似,均是贯穿式裂缝破坏。值得注意的是,RCA 取代率为 50%的 RAC,掺加玄武岩纤维后,BFRRC破坏时碎块崩裂少,试块保存相对完整。这表明玄武岩纤维对 RAC 具有增强、增韧的作用。

(a)   (b)

图 4-2 单轴受压破坏形态

4.3 试验结果与分析

4.3.1 应力-应变关系曲线

混凝土的应力-应变关系曲线是反映混凝土抗压强度、抗压韧性和残余强度的重要指标之一。在玄武岩纤维掺量相同的情况下,随着 RCA 取代率的变化,

RAC 各组应力-应变关系曲线如图 4-3(a)、图 4-3(b)、图 4-3(c)、图 4-3(d)所示。

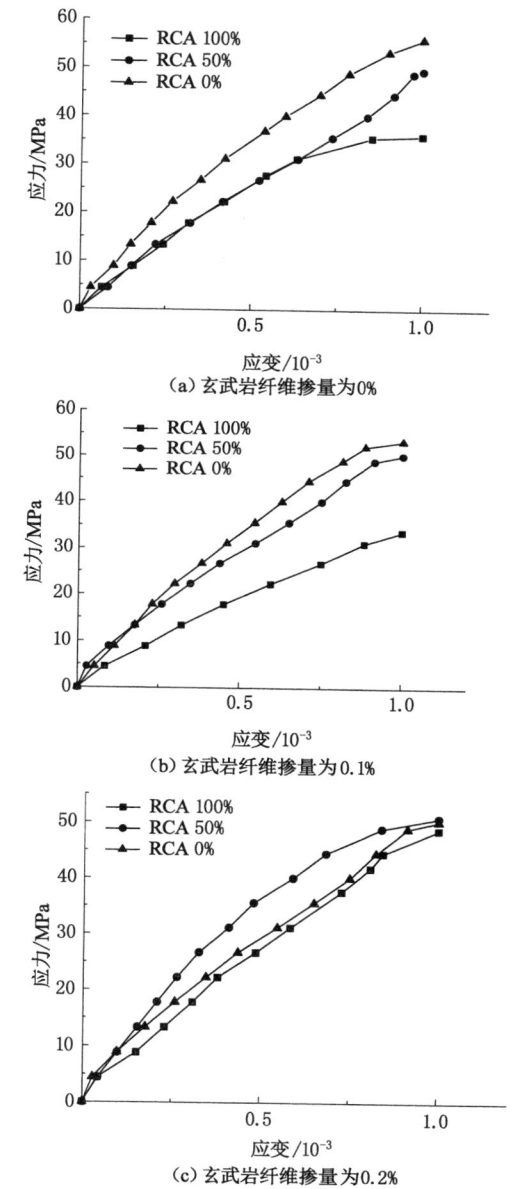

(a) 玄武岩纤维掺量为0%

(b) 玄武岩纤维掺量为0.1%

(c) 玄武岩纤维掺量为0.2%

图 4-3　不同玄武岩纤维掺量时 BFRRC 的应力-应变关系曲线

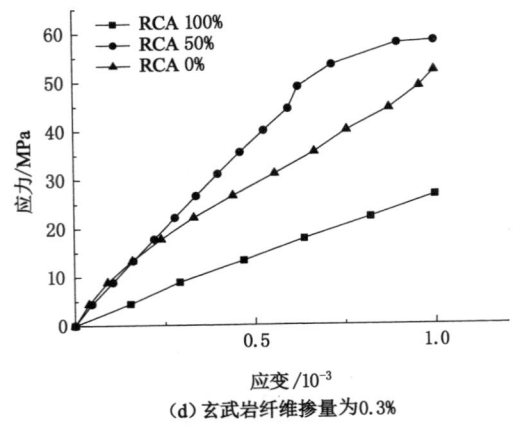

(d) 玄武岩纤维掺量为0.3%

图 4-3(续)

如图 4-3 所示,BFRRC 应力-应变关系曲线的整体形状与普通混凝土应力-应变关系曲线相似。不同 RCA 取代率、玄武岩纤维掺量时的 BFRRC 应力-应变关系曲线上升段为直线。当玄武岩纤维掺量为 0%~0.1%时,RCA 取代率越小,RAC 应力-应变关系曲线越陡峭,说明在相同应力作用下,RCA 取代率越低,RAC 应变越小,承受压力的能力越强。当玄武岩纤维掺量为 0.2%~0.3%时,RCA 取代率为 50%的 RAC 的应力-应变关系曲线上升趋势最明显,这是 RCA 与玄武岩纤维共同作用的结果,玄武岩纤维改善了 RAC 之间的界面过渡区。

在 RCA 取代率相同的情况下,随着玄武岩纤维掺量变化,RAC 的应力-应变关系曲线如图 4-4(a)、图 4-4(b)、图 4-4(c)所示。为便于分析,将试验测得的应变值除以峰值应变,对 BFRRC 单轴受压的应力-应变关系曲线进行归一化处理。

图 4-4 为 RCA 取代率相同时,随着玄武岩纤维掺量的变化,各组 RAC 应力-应变关系曲线变化趋势。值得注意的是,当 RCA 取代率为 50%时,随着玄武岩纤维掺量增加,应力与应变之比值越大,这是因为 RCA 与玄武岩纤维掺量适量,此时玄武岩纤维在 RAC 中分散良好,大幅度改善了 RAC 韧性。

4.3.2 弹性模量和泊松比

弹性模量,也被称为杨氏模量,是衡量混凝土弹性性能的一个重要力学性能指标。泊松比是 RAC 在单轴受力状态下横向应变和纵向应变的比值,是代表 RAC 变形的弹性常数指标。本试验根据 BFRRC 的应力-应变关系曲线得到 12 组弹性模量和泊松比,见表 4-1。

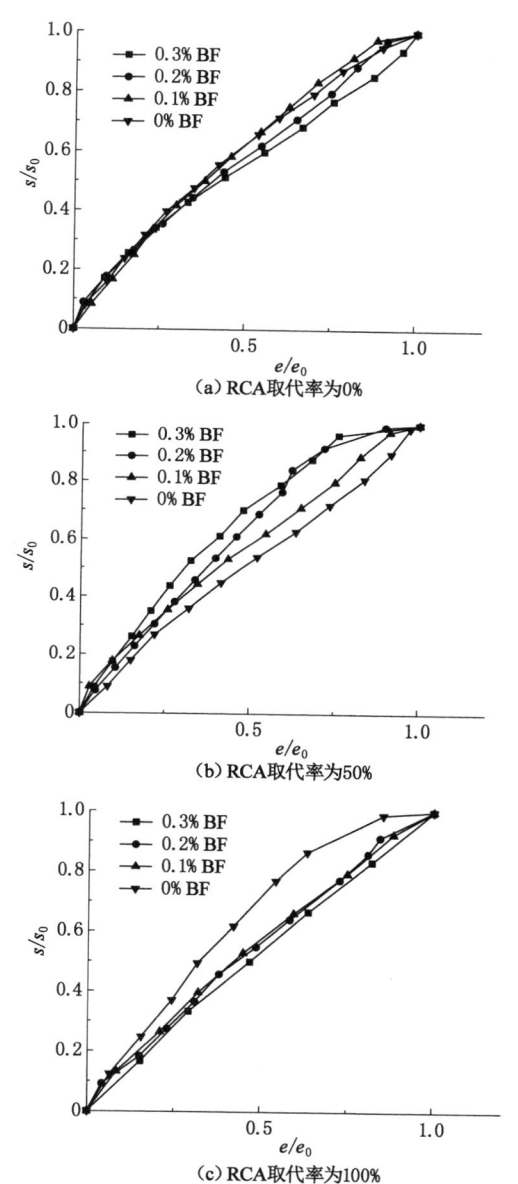

图 4-4 不同 RCA 取代率时的 BFRRC 的应力-应变关系曲线

表 4-1　各组试块弹性模量与泊松比

试块编号	弹性模量/GPa	泊松比
BFC00	41.18	0.388
BFC01	40.93	0.364
BFC02	30.03	0.357
BFC03	27.88	0.252
BFRRC50	29.08	0.259
BFRRC51	29.69	0.268
BFRRC52	37.45	0.364
BFRRC53	41.18	0.391
BFRRC10	26.4	0.214
BFRRC11	23.5	0.194
BFRRC12	29.37	0.26
BFRRC13	22.28	0.194

由表 4-1 可知：当 RCA 取代率为 0％时，RAC 的弹性模量随着玄武岩纤维掺量的增加而降低；当 RCA 取代率为 50％时，RAC 的弹性模量随着玄武岩纤维掺量的增加逐渐增大；当 RCA 取代率为 100％时，RAC 的弹性模量呈现先减小后增大的趋势。当玄武岩纤维掺量为 0％时，RAC 的弹性模量随着 RCA 取代率的增大逐渐增大；当玄武岩纤维掺量为 0.1％～0.3％时，可以明显看出 RCA 取代率为 50％时各组的弹性模量最大。由表 4-1 可知：当 RCA 取代率为 0％时，RAC 的泊松比随着玄武岩纤维掺量的增加而降低；当 RCA 取代率为 50％时，RAC 的泊松比随着玄武岩纤维掺量的增加逐渐增大；当 RCA 取代率为 100％时，RAC 的泊松比呈现先增大后减小的趋势。当玄武岩纤维掺量为 0％时，RAC 的泊松比随着 RCA 取代率的增加逐渐降低，当玄武岩纤维掺量为 0.1％～0.3％时，可以明显看到 RCA 取代率为 50％时各组试块的泊松比最大。这是因为玄武岩纤维是一种新型纤维，具有弹性模量高、抗拉强度高等优点，加入玄武岩纤维后，RAC 的弹性模量明显提高，RAC 刚度增大。在 RAC 受到相同荷载作用的情况下，掺入玄武岩纤维后的 RAC 具有更强的抵抗变形的能力，玄武岩纤维对 RAC 具有较好的增强、增韧作用。

4.3.3　峰值应力

峰值应力是反映 RAC 性能的重要指标之一。BFRRC 各组试块的峰值应力见表 4-2。

表 4-2　　玄武岩纤维再生混凝土的峰值应力　　　　　　单位:MPa

试块编号	峰值应力
BFC00	55.979 07
BFC01	52.212 05
BFC02	52.456 26
BFC03	46.354 35
BFRRC50	48.269 08
BFRRC51	52.456 26
BFRRC52	51.432 13
BFRRC53	52.656 5
BFRRC10	45.269 31
BFRRC11	42.815 03
BFRRC12	50.358 01
BFRRC13	39.389 98

由表 4-2 可知:当 RCA 取代率为 0% 时,混凝土的峰值应力随着玄武岩纤维掺量的增加逐渐降低。玄武岩纤维具有吸水性,在混凝土硬化过程中吸收部分水,影响玄武岩纤维分散,使得玄武岩纤维团聚,而纤维团聚会在混凝土内部形成薄弱区域,因此玄武岩纤维掺量越高,团聚现象越严重,混凝土的峰值应力越低。玄武岩纤维对 RAC 的峰值应力影响效果不一样。对掺加 RCA 的 RAC而言,RCA 可以与玄武岩纤维发生复合效应,RCA 取代率为 50% 时,复合效应发挥良好,BFRRC 的峰值应力逐渐增大。不同的是,当 RCA 取代率达到 100%时,随着玄武岩纤维掺量增加,RAC 的峰值应力呈现先增大后减小的变化趋势,这是由于玄武岩纤维和 RCA 之间的复合效应的增强效果比 RCA 本身性能差造成 RAC 性能减弱的效果差。

4.3.4　峰值应变

BFRRC 各组试块峰值应变见表 4-3,RCA 取代率以及玄武岩纤维掺量均对BFRRC 的峰值应变有影响。

表 4-3　玄武岩纤维再生混凝土的峰值应变　　　　　　　单位：$\mu\varepsilon$

试块编号	峰值应变
BFC00	−2 709.05
BFC01	−2 599.12
BFC02	−2 074.06
BFC03	−1 483.17
BFRRC50	−1 483.17
BFRRC51	−1 977.88
BFRRC52	−2 582.65
BFRRC53	−3 397.35
BFRRC10	−1 382.73
BFRRC11	−1 292.95
BFRRC12	−1 757.40
BFRRC13	−820.77

　　峰值应变是指 RAC 在单轴受压时峰值应力对应的应变，此时 RAC 彻底破坏。当 RCA 取代率为 0％时，RAC 的峰值应变随着玄武岩纤维掺量的增加而降低；当 RCA 取代率为 50％时，RAC 的峰值应变随着玄武岩纤维掺量的增加逐渐增大；当 RCA 取代率为 100％时，随着玄武岩纤维掺量的增加，RAC 的峰值应变呈现先增大后减小的趋势。当 RCA 取代率为 0％时，BFRRC 的峰值应变、轴心抗压强度等均随着玄武岩纤维掺量的增加而产生劣化趋势，主要是因为玄武岩纤维掺量越高，团聚现象严重，峰值应变越来越低。当 RCA 取代率为 50％时，峰值应变随着玄武岩纤维掺量的增加而增大，其变化趋势与 RCA 取代率为 0％时的混凝土峰值应变变化趋势相反。主要是因为当 RCA 和玄武岩纤维同时存在于混凝土中时，二者相辅相成，玄武岩纤维在搅拌过程中填充 RCA 孔隙，一方面可以降低 RCA 孔隙率，另一方面玄武岩纤维与 RCA 紧密连接，极大程度上改善了 RAC 的界面过渡区，因此能承受更高的峰值应力，其相应的峰值应变也逐渐增大。

　　当玄武岩纤维掺量为 0％时，RAC 的峰值应变随着 RCA 取代率的增大逐渐降低，RCA 物理力学性能差。当 RAC 承受荷载时，RCA 以及 RCA 与胶凝材料等的结合面均属于破坏薄弱区，极易发生破坏，因此 RCA 取代率越高，同体积时 RAC 中薄弱区越多，峰值应变越低。当玄武岩纤维掺量为 0.1％～0.3％时，可以明显看到 RCA 取代率为 50％时各组试样的峰值应变最大。这是由于当 RCA 取代率为 50％时，玄武岩纤维与 RCA 的复合效应达到最大值，因此其峰值应变最大。

4.4　本章小结

（1）通过对 72 个 150 mm×150 mm×300 mm 的棱柱体进行轴心抗压强度测试,研究发现玄武岩纤维掺量低于 0.2％时,RCA 取代率越小,再生混凝土的应力-应变关系曲线走向越陡峭,说明在相同应力作用下取代率低的 RAC 应变越小,承受压力的能力越强。玄武岩纤维掺量为 0.2％～0.3％时,RCA 取代率为 50％时的 RAC 的应力-应变关系曲线上升趋势最明显。

（2）RCA 取代率及玄武岩纤维掺量对弹性模量、泊松比、峰值应力、峰值应变均有影响。加入玄武岩纤维后,RAC 性能增强,表现出较高的强度和韧性。

5 玄武岩纤维再生混凝土
抗碳化性能试验研究

5.1 玄武岩纤维再生混凝土抗碳化性能试验

5.1.1 试验过程

为满足 BFRRC 耐久性要求，对试验配合比进行了调整，见表 5-1，所使用的原材料见 2.1 节。

表 5-1 玄武岩纤维再生混凝土耐久性试验配合比   单位:kg/m³

试块编号	水泥	硅灰	粉煤灰	砂	RCA		NCA		减水剂	玄武岩纤维
					5～10 mm	10～20 mm	5～10 mm	10～20 mm		
R0B0	380	40	74	655	0	0	328	655	4.9	0
R0B2	380	40	74	655	0	0	328	655	4.9	2
R0B4	380	40	74	655	0	0	328	655	4.9	4
R0B6	380	40	74	655	0	0	328	655	4.9	6
R50B0	380	40	74	655	163	327	163	327	4.9	0
R50B2	380	40	74	655	163	327	163	327	4.9	2
R50B4	380	40	74	655	163	327	163	327	4.9	4
R50B6	380	40	74	655	163	327	163	327	4.9	6
R100B0	380	40	74	655	328	655	0	0	4.9	0
R100B2	380	40	74	655	328	655	0	0	4.9	2
R100B4	380	40	74	655	328	655	0	0	4.9	4
R100B6	380	40	74	655	328	655	0	0	4.9	6

注:以 R50B2 为例,R 代表再生粗骨料的取代率,数字 50 代表取代率的值为 50%,B 代表玄武岩纤维,2 代表玄武岩纤维的掺量为 2 kg/m³。

　　将每组 12 个 100 mm×100 mm×100 mm 的立方体碳化试块,根据耐久性规范,在标准养护室养护 26 d 后,放入温度为 60 ℃的烘干箱,达到 28 d 的养护龄期后进行封蜡处理。需要注意的是,封蜡的厚度应尽量保持一致,不能太薄,否则蜡层脱落会影响试验结果,同时未封蜡的两个对立的侧面应尽量暴露在 CO_2 中,之后放入标准碳化试验箱进行碳化试验。试件之间的间距应不小于50 mm,碳化箱内的温度、湿度、CO_2 浓度均需满足规范要求。在试验过程中,初期每隔 2 h 检测 1 次,经过 2 d 碳化后 4 h 检测 1 次。在达到相应的碳化龄期后每组取出 3 个试块用记号笔标记测点,然后用压力机从中部劈开,清除表面的浮渣,喷上事先配制好的浓度为 1%的酚酞酒精溶液,待显色完成后用电子游标卡尺对测点进行测量,如图 5-1 所示,3 个试块碳化深度的平均值即该龄期该组试件的碳化深度。

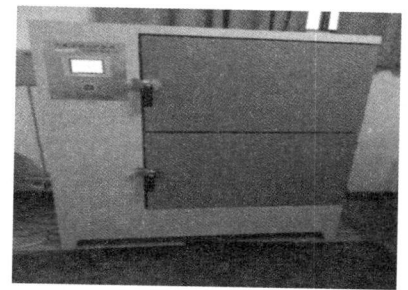 

(a)试验仪器　　　　　　　　　　　　　(b)碳化深度的测量

(c)碳化试件

图 5-1　碳化试验

5.1.2　试验结果与分析

　　混凝土不同龄期时的平均碳化深度按式(5-1)计算。

$$\overline{d_t} = \frac{1}{n}\sum_{i=1}^{n} d_i \tag{5-1}$$

式中　$\overline{d_t}$——试件碳化 t(d)后的平均碳化深度,mm;

　　　d_i——各测点的碳化深度,mm;

　　　n——测点总数。

各个龄期时碳化深度平均值见表 5-2。

单位:mm

表 5-2　各个龄期时碳化深度平均值

试块编号	龄期			
	3 d	7 d	14 d	28 d
R0B0	5.82	6.70	7.47	8.73
R0B2	3.95	4.12	4.32	5.30
R0B4	1.83	3.43	3.82	4.77
R0B6	1.53	4.85	5.53	7.43
R50B0	3.09	3.16	6.00	7.61
R50B2	2.18	3.24	5.46	6.08
R50B4	3.47	5.54	5.92	7.21
R50B6	2.71	6.53	6.70	9.79
R100B0	4.21	8.06	9.90	10.15
R100B2	5.77	7.98	8.62	9.58
R100B4	5.17	8.75	10.32	10.79
R100B6	6.36	10.85	11.21	13.05

图 5-2 为相同 RCA 取代率、不同玄武岩纤维掺量时的碳化深度随着时间的变化曲线。由图 5-2(a)可知:对于 NAC 而言,碳化深度均随着时间的增加而增大,掺加玄武岩纤维可以有效地降低混凝土的碳化深度。在碳化龄期为 3 d 时,R0B2 试块相较于 R0B0 试块碳化深度降低了 32%,R0B4 试块和 R0B6 试块相较于 R0B0 试块碳化深度分别降低了 69% 和 74%。混凝土的碳化最主要受孔隙分布和混凝土内部碱性物质含量的影响。碳化初期玄武岩纤维在基体内均匀分布,在混凝土内部进行搭接细化孔隙结构,延缓 CO_2 进入基体内部的速度。经过 7 d 碳化后,R0B2 试块的碳化深度低于 R0B6 试块的;碳化龄期为 28 d 时,R0B2 试块、R0B4 试块、R0B6 试块相较于 R0B0 试块碳化深度降低了 39%、45%、15%;碳化后期,随着纤维掺量的增加碳化深度均小于 R0B0 试块,掺量为 4 kg/m³ 时的效果最佳,掺量为 6 kg/m³ 时纤维的作用已经不明显了。

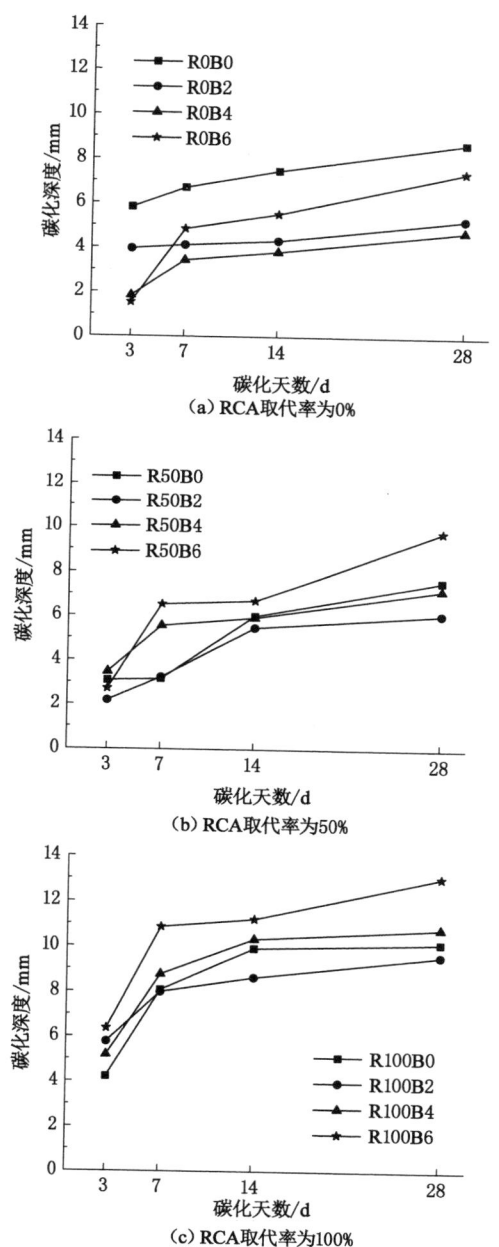

图 5-2 不同 RCA 取代率时碳化深度与碳化时间的关系曲线

由图 5-2(b)可知：R50B2 试块在整个碳化龄期内,碳化深度均低于 R50B0 试块;在碳化 28 d 后,R50B2 试块相较于 R50B0 试块碳化深度降低了 20%,说明掺入 2 kg/m³ 玄武岩纤维对 50% 取代率的 RAC 抗碳化性能的提高明显;碳化 28 d 后,R50B4 试块相对 R50B0 试块碳化深度降低了 5%,R50B6 试块却增大了 29%。这说明随着纤维掺量的增加,50% RCA 取代率时 RAC 的抗碳化性能反而下降,这是因为玄武岩纤维的比表面积较大,在 RAC 的浇筑过程中会吸收一部分水分,过量的玄武岩纤维会增加基体的干缩,从而产生额外的孔隙,提供更多的 CO_2 侵蚀通道。且纤维均匀分布是纤维能提高混凝土抗碳化性能的前提,当纤维掺量过多后,纤维在基体内部结团,不能分担基体所承受的应力,反而降低 RAC 的抗碳化性能。

由图 5-2(c)可知：100% 取代率的 RAC 和 NAC 类似,碳化深度均随着碳化时间的增加而增大。碳化 3 d 时 R100B0 试块的碳化深度最低,相较于 R100B2 试块其碳化深度降低了 27%。随着碳化时间的增加,R100B2 试块的碳化深度低于 R100B0 试块,28 d 时 R100B0 试块相较于 R100B2 试块碳化深度增加了 0.6%。说明掺入 2 kg/m³ 的玄武岩纤维可以降低碳化深度随碳化时间的变化速率。R100B4 试块碳化深度曲线的增长趋势和 R100B0 试块的基本类似,其碳化深度略高于 R100B0 试块的,但是在 7 d 后碳化深度增长缓慢,当掺入 6 kg/m³ 的玄武岩纤维时,其碳化深度全龄期均高于 R100B0 的。

图 5-3 是相同玄武岩纤维掺量不同 RCA 取代率时碳化深度和时间的关系曲线。图 5-3(a)中,无论碳化 3 d 或碳化 28 d 时,R50B0 试块的碳化深度均低于 R0B0 试块,这说明当玄武岩纤维掺量为 0 kg/m³ 时,RCA 取代率为 50% 时的 RAC 抗碳化效果最好,这是因为 RAC 的表面附着有部分砂浆,砂浆的孔隙较大,CO_2 可以更加容易通过这些孔隙,但砂浆内部存在部分未水化的 $Ca(OH)_2$,CO_2 会和 $Ca(OH)_2$ 反应生成 $CaCO_3$,反而填补了砂浆一部分的孔隙阻碍了 CO_2 的进入,提高了 RAC 的抗碳化性能。但是 R100B0 试块的抗碳化性能却低于 R0B0 试块的,这是因为 R100B0 试块表面的砂浆过多,短时间内产生的 $CaCO_3$ 并不能过多阻碍 CO_2 进入混凝土内部,此时 NAC 的孔隙小而 100% 取代率的 RAC 的孔隙大且裂缝更多,CO_2 会更容易进入基体。当 CO_2 进入基体时,产生的 $CaCO_3$ 会使原来的孔隙膨胀产生膨胀压力,使裂缝扩展和延伸,其碳化深度增大。

由图 5-3(b)可知：在碳化前期,R50B2 试块的碳化深度低于 R0B2 试块的,但是在碳化 28 d 后 R50B2 试块的碳化深度高于 R0B2 试块的,且 NAC 的增长趋势更缓慢,这说明当玄武岩纤维掺量为 2 kg/m³ 时,纤维对 NAC 抗碳化效果的改善更明显,NAC 在碳化后期展现出更好的抗碳化性能。图 5-3(c)、图 5-3(d)中,NAC 的抗碳化性能均优于 RAC。当 RCA 取代率为 50% 时,RAC 与 NAC

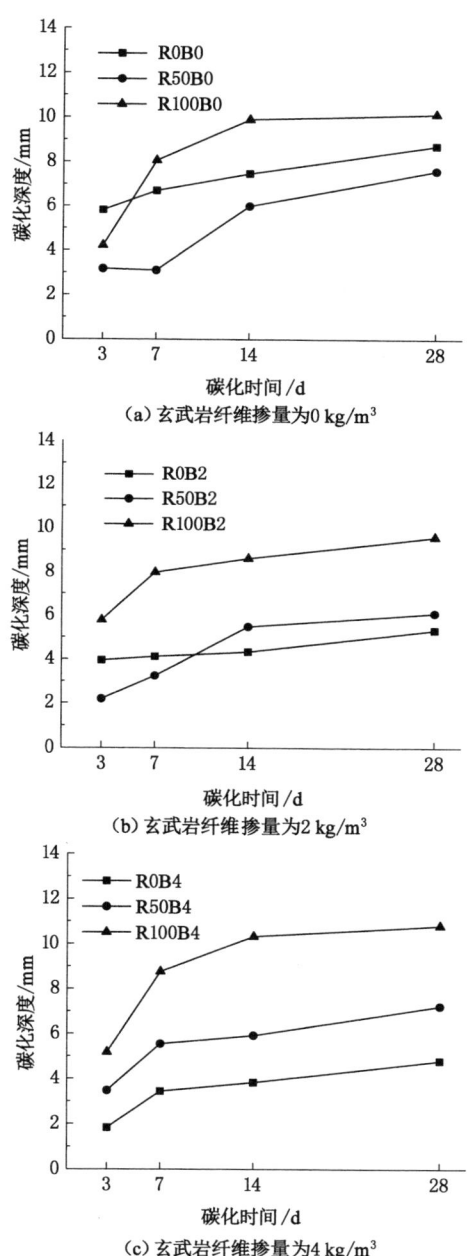

(a) 玄武岩纤维掺量为0 kg/m³

(b) 玄武岩纤维掺量为2 kg/m³

(c) 玄武岩纤维掺量为4 kg/m³

图 5-3   不同玄武岩纤维掺量时碳化深度与碳化时间的关系曲线

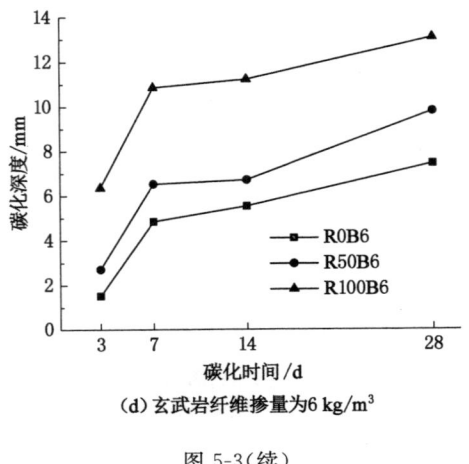

(d) 玄武岩纤维掺量为6 kg/m³

图 5-3(续)

的碳化增长趋势大致相同,且二者之间的碳化深度差值较小。当 RCA 取代率为 100％时,碳化深度曲线相较于天然混凝土,初期增长较快,后期更平缓,但均高于取代率为 0％、50％的 RAC。

综上所述,RAC 和 NAC 具有类似的碳化侵蚀规律,碳化深度均随着碳化时间的增加而增大,玄武岩纤维可以提高 RAC 的抗碳化性能,降低碳化深度的增长速率。随着纤维掺量的增加,碳化深度逐渐降低,但是纤维掺量不是越多越好,存在一个最优值。当 RCA 取代率为 0％时,最佳掺量为 4 kg/m³。当 RCA 取代率为 50％、100％时,最佳掺量为 2 kg/m³。RCA 取代率为 50％时的 RAC 碳化深度低于 NAC 的,显示出优于 NAC 的抗碳化性能,纤维对 NAC 抗碳化性能的增强效果更明显。

5.2 玄武岩纤维再生混凝土碳化机理及模型

5.2.1 玄武岩纤维再生混凝土碳化机理

混凝土是由多种材料混合而成的一种非均质体,在成型的过程中,由于温度的变化,不同材质之间发生的收缩不同,产生了大量细小的孔隙和裂缝。RAC 相较于 NAC 存在更多的异相材质界面,这些界面之间的连接并不紧密,存在更多的孔隙。

图 5-4(a)、图 5-4(b)分别为 NAC 和 RAC 砂浆与骨料之间的界面过渡区在电子显微镜下放大 1 000 倍的微观形貌图。NAC 中两种材料之间结合紧密且界面

基本呈直线,而 RAC 中砂浆和骨料的咬合存在肉眼可见的孔隙,砂浆也存在明显的孔洞,这说明 RAC 存在更多薄弱的通道,更易受到 CO_2 的侵蚀。图 5-4(c)、图 5-4(d)是 RAC 未碳化前的图像,可以很清楚分辨出水泥水化的产物,如在基体表面覆盖一层薄薄的水泥水化产物 C-S-H 和 AF_t,粉煤灰和硅灰的球形颗粒清晰可见。图 5-4(e)是碳化 3 d 后的图像,图中可以辨别出板状的 CH 晶体以及少部分 $CaCO_3$,C-S-H 凝胶的厚度增大,可能是因为随着水化反应的进行,产生了更多的 C-S-H 和 C_3A 的水化产物堆积在一起。图 5-4(f)是碳化28 d 后的图像,已经无法辨认 $CaCO_3$、C-S-H,过渡区的孔隙变大,CO_2 进入混凝土内部的通道变多,加快碳化破坏。

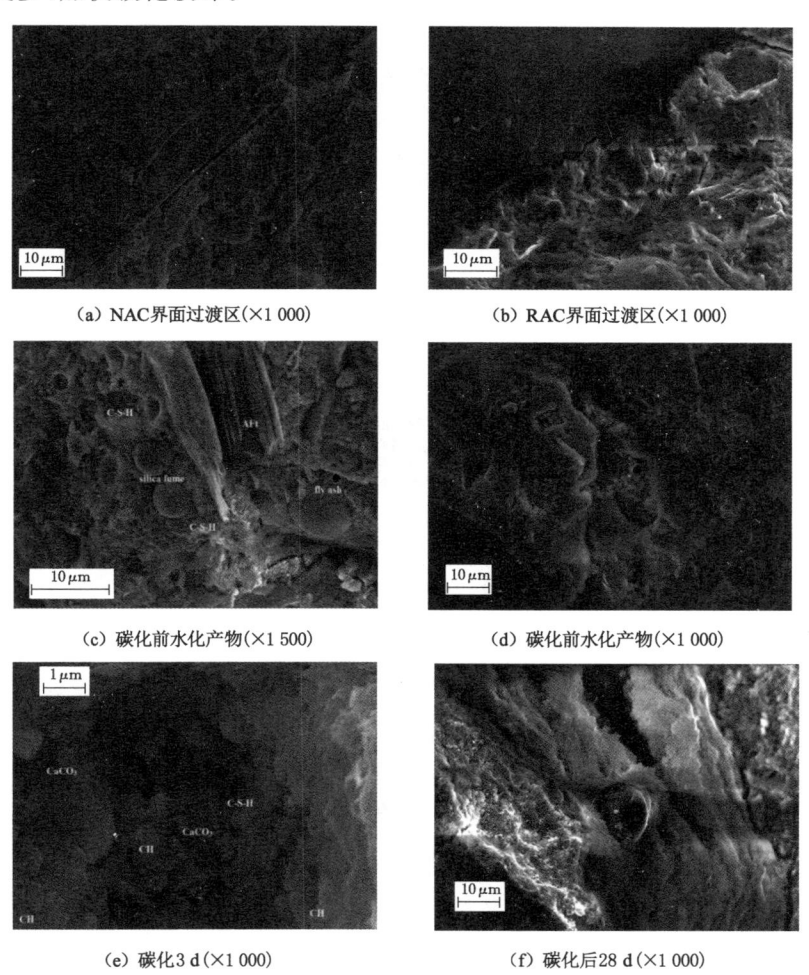

(a) NAC界面过渡区(×1 000)

(b) RAC界面过渡区(×1 000)

(c) 碳化前水化产物(×1 500)

(d) 碳化前水化产物(×1 000)

(e) 碳化3 d(×1 000)

(f) 碳化后28 d(×1 000)

图 5-4 碳化过程中玄武岩纤维再生混凝土的微观形貌图

大量的综合碳化产物堆积在基体表面,形成一层厚厚的膜,且在碳化产物周围产生了裂缝,导致基体开裂,这是因为:一方面,CH 碳化的过程中释放出一个化学结合水,吸收一个 CO_2,生成的 $CaCO_3$ 的体积也大于 CH,固体膨胀率约为 11.5%,基体膨胀开裂;另一方面,水泥水化产物(如 C-S-H、AFt 等)随着碳化的进行体积会收缩减小,混凝土表面产生裂缝,增加了 CO_2 进入基体内部的通道,加重了碳化损伤。

5.2.2　玄武岩纤维再生混凝土碳化模型

学者们对于 NAC 碳化深度与碳化时间的关系已经达成共识,认为碳化深度与碳化时间的平方根呈线性关系。上节的分析已经说明 RAC 和 NAC 之间的碳化深度与碳化时间之间的关系存在类似的规律,因此基于式(5-2)所示天然混凝土的基本碳化模型,建立 BFRRC 的碳化深度模型。

$$Y = A\sqrt{x} \tag{5-2}$$

式中　Y——碳化深度,mm;

　　　x——碳化时间,d;

　　　A——碳化速率系数。

定义当 x 为 0 时,Y 为 0,即未进行快速碳化试验前混凝土的碳化深度为 0。基于该公式,进行拟合,拟合结果如图 5-5 所示。

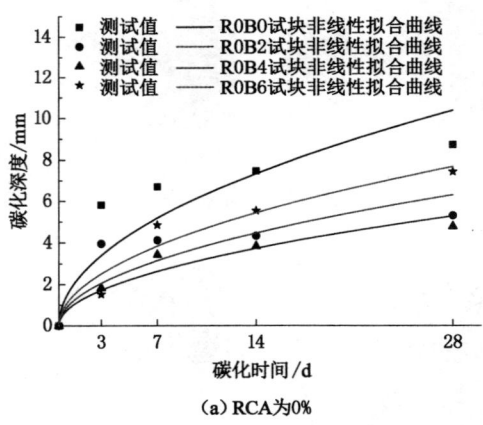

图 5-5　玄武岩纤维再生混凝土碳化深度拟合曲线

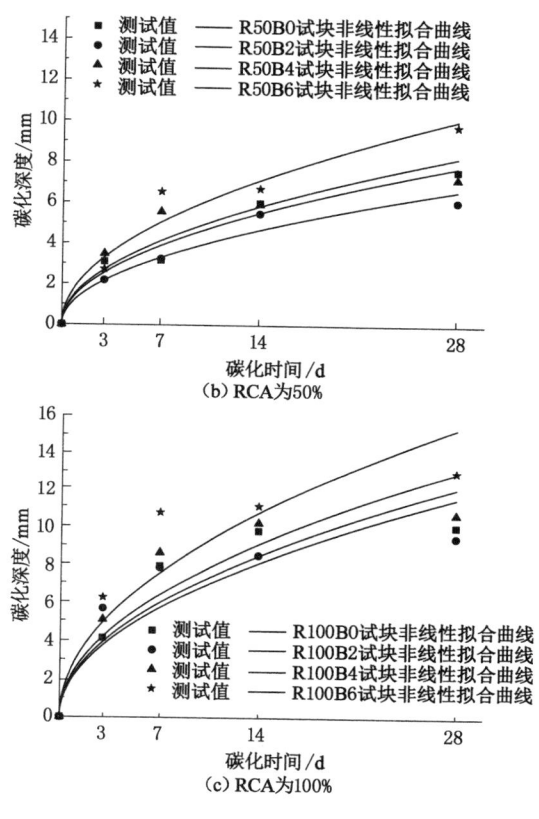

图 5-5(续)

表 5-3　玄武岩纤维再生混凝土碳化深度拟合参数

试块编号	A	R^2
R0B0	1.960	0.763
R0B2	1.191	0.670
R0B4	0.997	0.936
R0B6	1.452	0.944
R50B0	1.470	0.968
R50B2	1.249	0.963
R50B4	1.557	0.884
R50B6	1.901	0.951
R100B0	2.296	0.870

表 5-3(续)

试块编号	A	R^2
R100B2	2.193	0.780
R100B4	2.458	0.851
R100B6	2.899	0.843

由表 5-3 可知:RCA 取代率对 A 值的影响较大,当 RCA 取代率相同时,A 随着玄武岩纤维掺量的变化而变化。NAC 和 RCA 取代率为 50% 时 A 值小于 2 以下。当 RCA 取代率为 100% 时,A 值均大于 2。为了使建立的模型简单实用,将相同 RCA 取代率不同玄武岩纤维掺量时的 A 值,利用二次多项式进行拟合,拟合曲线如图 5-6 所示,拟合参数见表 5-4。

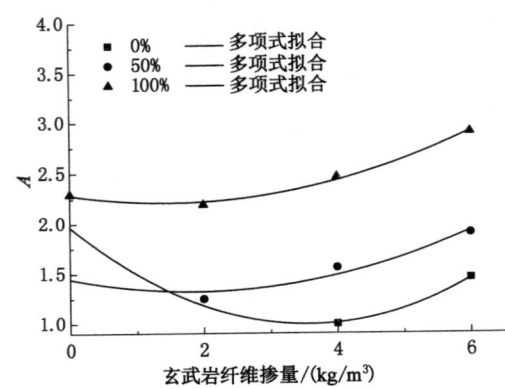

图 5-6　A 值的拟合曲线

表 5-4　A 值的拟合参数

RCA 取代率	a	b	c	R^2
0%	0.077	−0.545	1.964	0.998
50%	0.035	−0.131	1.445	0.833
100%	0.034	−0.100	2.286	0.981

由表 5-4 可知:利用二次多项式,对碳化速率 A 值进行拟合,可以很好地反映 A 值和纤维掺量之间的关系,基于此建立了 BFRRC 的碳化深度模型,其中 Y 为碳化深度,m 为纤维掺量,x 为碳化时间,碳化模型见表 5-5。

表 5-5　玄武岩纤维再生混凝土碳化深度模型

RCA 取代率	碳化模型
0%	$Y=(0.077\ m^2-0.545\ m+1.964)\sqrt{x}$
50%	$Y=(0.035\ m^2-0.131\ m+1.445)\sqrt{x}$
100%	$Y=(0.034\ m^2-0.1\ m+2.286)\sqrt{x}$

5.2.3　玄武岩纤维再生混凝土碳化模型对比

由于目前对 BFRRC 碳化深度的研究很少,无法对建立模型中玄武岩纤维的掺量的影响进行修正,但是有学者针对再生混凝土的碳化建立了一些模型,如肖建庄等[175]提出的碳化深度模型见式(5-3)。

$$x_c = 839 g_{RC}(1-R)^{1.1}\sqrt{\dfrac{\dfrac{W}{\gamma_C C}-0.34}{\gamma_{HD}\gamma_C \times 8.03C}}\ n_0 t \qquad (5\text{-}3)$$

式中　x_c——碳化深度,mm;

　　　g_{RC}——RCA 的影响系数;

　　　R——相对湿度,%;

　　　W——单位体积混凝土的用水量;

　　　C——单位体积混凝土的水泥用量;

　　　γ_C——水泥品种修正系数;

　　　γ_{HD}——水泥水化程度修正系数;

　　　n_0——CO_2 的体积浓度;

　　　t——碳化时间。

耿欧等[176]根据试验提出了考虑水灰比、温度、水泥用量、RCA 取代率 4 个指标的经验碳化模型,见式(5-4)。

$$Y = 0.823\left(\dfrac{W}{C}\right)^{1.167}(0.029R_C+1.062)\times 0.821C^{0.435}\times$$

$$\left[2.445\left(\dfrac{T}{20}\right)^3-9.227\left(\dfrac{T}{20}\right)^2+10.521\left(\dfrac{T}{20}\right)-2.286\right]\times t^{0.342} \quad (5\text{-}4)$$

式中　$\dfrac{W}{C}$——水灰比;

　　　C——单位体积混凝土的水泥用量;

　　　R_C——再生骨料替代率;

　　　T——温度;

　　　t——碳化时间。

　　将上述两种模型和本书所建立的模型所得到的计算值和试验所得值进行对比,见表 5-6。与肖建庄模型相比,耿欧所提出的模型与测试值更接近,这是因为肖建庄提出的模型中水灰比是一个非常重要的指标,而当水灰比较小时,所得出的碳化深度往往低于实际值。此外,本书所建立模型的计算值与实际值之间的差别较小,能很好地预测再生混凝土的碳化深度。

表 5-6　再生混凝土碳化深度模型对比　　　　单位:mm

碳化时间		实际值	计算值			计算值/实际值		
			本试验	文献[175]	文献[176]	本试验	文献[175]	文献[176]
R0B0 试块	3 d	5.82	3.37	1.31	6.50	0.58	0.23	1.12
	7 d	6.70	5.15	2.01	8.69	0.77	0.30	1.30
	14 d	7.47	7.28	2.84	11.01	0.97	0.38	1.47
	28 d	8.73	10.30	4.02	13.96	1.18	0.46	1.60
R50B0 试块	3 d	3.09	2.50	1.64	6.59	0.81	0.53	2.13
	7 d	3.16	3.82	2.51	8.81	1.21	0.79	2.79
	14 d	6.00	5.41	3.55	11.16	0.90	0.59	1.86
	28 d	7.61	7.65	5.02	14.15	1.00	0.66	1.86
R100B0 试块	3 d	4.21	3.96	1.97	6.68	0.94	0.47	1.59
	7 d	8.06	6.05	3.01	8.93	0.75	0.37	1.11
	14 d	9.90	8.55	4.26	11.31	0.86	0.43	1.14
	28 d	10.15	12.10	6.02	14.34	1.19	0.59	1.41

5.3　本章小结

　　通过对不同玄武岩纤维掺量、不同 RCA 取代率时的 RAC 进行快速碳化试验,实测了不同碳化时间时试件的碳化深度,分析了玄武岩纤维掺量和 RCA 取代率对碳化深度的影响,具体结论如下:

　　(1)RAC 与 NAC 在抗碳化性能方面具有类似的规律,其碳化深度均随着碳化时间的增加而增大。RCA 取代率为 50% 时,RAC 的碳化深度低于 NAC,显示出优于 NAC 的抗碳化性能。

　　(2)随着 RCA 取代率的增大,RAC 的抗碳化性能先升后降,碳化初期,当RCA 取代率为 100% 时,RAC 碳化深度的增长速率增大。

　　(3)掺入玄武岩纤维可以提高 RAC 的抗碳化性能,但是玄武岩纤维的掺量不是越多越好,存在一个最优值。对于 RAC 而言,掺入 2 kg/m³ 的玄武岩纤维能最有效地提高抗碳化性能,而 NAC 则是 4 kg/m³。

(4)对 BFRRC 进行 SEM 试验,从微观角度分析了碳化机理以及纤维的增强作用,基于二次多项式结合 NAC 的碳化模型,建立了 BFRRC 的碳化深度预测模型。

6 玄武岩纤维再生混凝土抗氯离子渗透试验研究

6.1 玄武岩纤维再生混凝土抗氯离子渗透试验

6.1.1 试验过程

　　根据耐久性规范,抗氯离子渗透试验采用规范规定的 RCM 法,通过测定试件的非稳态氯离子迁移系数来表征 BFRRC 的抗氯离子渗透性能。RCM 试验装置如图 6-1 所示,试件达到养护龄期后,进行清洗,然后擦干试件表面的水分,确保试件表面干净无其他杂质。若试块表面较为粗糙可进行打磨,接着将处理好的试件放入真空饱水仪内进行饱水处理。饱水过程应严格按照规范要求执行,饱水完毕将试件安装进如图 6-1 所示橡胶套内,用不锈钢环箍进行固定,确保试件的侧面是密封状态,溶液不能进行侵蚀。若达不到要求,可以在试件的侧面涂抹凡士林,接着往橡胶套内部注入提前 24 h 配制好的 NaOH 碱性溶液,在橡胶套外注入适量的 NaCl 溶液,橡胶套内外的溶液液面应持平。同时保证试件的表面被溶液浸没,接着连接导线准备进行电迁移试验。试验前需确认初始电压、电流以及溶液内的温度是否满足试验要求,达到试验要求后进行氯离子渗透试验。

　　试验结束后取出试块,清洗干净表面的溶液和浮渣,用压力机从中间将试块劈开,然后在破坏面喷上 0.1 mol/L 的 $AgNO_3$ 显色剂。待显色完毕,可以看到一个明显的分界线,试件一边呈灰白色,如图 6-2 所示。将试块的断面分成 10 等份,用记号笔标记测点,随后用电子游标卡尺测量渗透深度。各测点取平均值,测点渗透深度的测量应准确快速,其值精确至 0.1 mm。然后将渗透深度录入仪器,即可计算得到该组试件的非稳态氯离子迁移系数。

6.1.2 试验结果与分析

　　不同纤维掺量、不同粗骨料取代率时 BFRRC 的非稳态氯离子迁移系数见

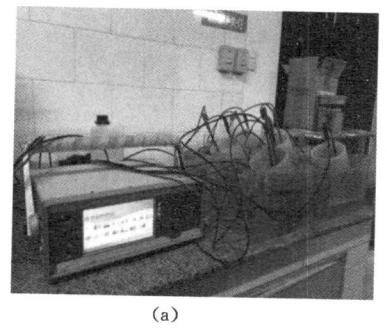
(a)

(b)

图 6-1 氯离子渗透设备

(a)

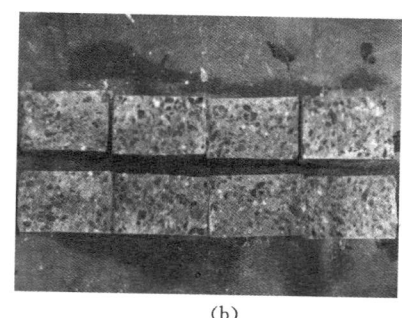
(b)

图 6-2 试验过程

表 6-1。图 6-3 为不同玄武岩纤维掺量时 RCA 取代率与非稳态氯离子迁移系数的关系。由图 6-3(a)可知:50%取代率时的 BFRRC 的非稳态氯离子迁移系数远高于 0%取代率时的和 100%取代率时的。当玄武岩纤维掺量为 0 kg/m³、50%RCA 取代率时 BFRRC 的非稳态迁移系数为 5.68,大约是 NAC 的 3 倍。当玄武岩纤维掺量为 6 kg/m³ 时,50%取代率时 BFRRC 的非稳态氯离子迁移系数为 6.25,大约是 NAC 的 8 倍,说明当 RCA 取代率为 50%时,BFRRC 的抗氯离子侵蚀性能远差于 NAC。这是因为 RCA 表层附着的老旧砂浆有很多孔隙,氯离子可以通过这些缝隙在短时间内快速渗入 RAC 内部。通常 RCM 进行的时间较短,RAC 和 NAC 之间的差距相较于实际工程会增大,但增长的趋势不变,即 50%取代率时 RAC 相较于 NAC 抗氯离子侵蚀性能更差。玄武岩纤维的掺入加大了 NAC 和 50%取代率时的 RAC 之间非稳态氯离子系数的差距。RAC 中老砂浆和新骨料之间的界面以及老砂浆和新砂浆之间的界面,相较于其他界面孔隙率更高,更易受到氯离子的侵蚀。同时 RAC 的界面过渡区数量也

比 NAC 的多,氯离子的渗透更容易。当 RCA 取代率为 100% 时,BFRRC 的抗氯离子侵蚀性能接近 NAC。当纤维掺量为 0 kg/m³、100% 取代率时的 RAC 的非稳态氯离子系数为 2.43,相较于 NAC 约增大了 30%。当纤维掺量为 2 kg/m³、100% 取代率时的 BFRRC 的非稳态氯离子迁移系数为 1.88,相较于 NAC 约增大了 20%。在试验中该纤维掺量、100% 取代率时的 RAC 的抗氯离子侵蚀性能和同等纤维掺量时的 NAC 最为接近,且与未掺加纤维的 NAC 的非稳态氯离子迁移系数相同。这说明掺入 2 kg/m³ 玄武岩纤维且 RCA 取代率为 100% 时的 BFRRC 的抗氯离子侵蚀性能与 NAC 相当,虽然 RAC 界面过渡区的数量增加了,但是适量的玄武岩纤维在混凝土内部均匀分布,细化了孔隙结构,降低了溶液渗透的速度。

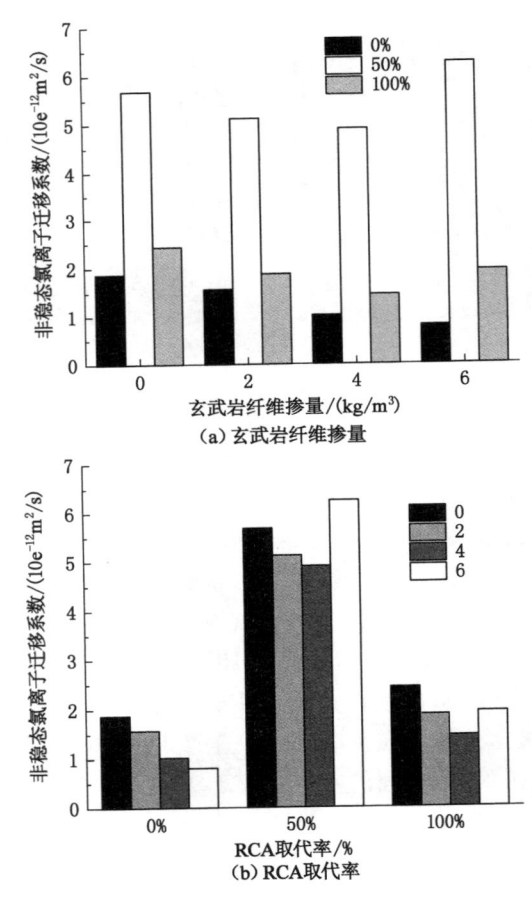

(a) 玄武岩纤维掺量

(b) RCA 取代率

图 6-3 非稳态氯离子迁移系数与玄武岩纤维掺量和 RCA 取代率的关系图

图 6-3(b)是不同 RCA 取代率时玄武岩纤维掺量和非稳态氯离子系数之间的关系。当 RCA 取代率为 0％时,随着玄武岩纤维掺量的增加,NAC 的非稳态氯离子迁移系数逐渐降低,即抗氯离子侵蚀性能逐渐增强,其中玄武岩纤维掺量为 6 kg/m³ 时的非稳态氯离子迁移系数相较于 0 kg/m³ 时的降低了 57％。说明对于 NAC 而言,玄武岩纤维可以显著提高 NAC 的抗氯离子侵蚀性能。随着纤维掺量的增加,NAC 的抗氯离子侵蚀性能也随之提高,这是因为玄武岩纤维通过桥接可以阻断内部孔隙的连通,使氯离子在混凝土内部的迁移变得困难。当 RCA 取代率为 50％时,随着玄武岩纤维掺量的增加,BFRRC 的非稳态氯离子迁移系数先减小后增大。当纤维掺量为 2 kg/m³ 和 4 kg/m³ 时,相较于未掺纤维的 RAC,非稳态氯离子迁移系数分别下降了 9.8％、13.7％,但是当纤维掺量为 6 kg/m³ 时,非稳态氯离子迁移系数增大了 10％,抗氯离子侵蚀性能降低。这是因为过量的玄武岩纤维在 RAC 内部团聚,不但没有发挥阻断氯离子渗透通道的作用,反而因此增大了孔隙率,氯离子更容易侵蚀基体。当 RCA 取代率为 100％、玄武岩纤维掺量为 4 kg/m³ 时,BFRRC 的非稳态氯离子迁移系数相较于 0 kg/m³ 时的下降约 40％,大幅度提高了 BFRRC 的抗氯离子侵蚀性能,和 RCA 取代率为 50％时的 BFRRC 一样。当掺入过量的纤维时,抗氯离子侵蚀性能下降,玄武岩纤维掺量为 6 kg/m³ 时,相较于 4 kg/m³ 时非稳态氯离子迁移系数增大约 25％。

表 6-1   玄武岩纤维再生混凝土抗氯离子侵蚀试验结果

试块编号	渗透高度/mm			非稳态氯离子迁移系数
	试样 A	试样 B	试样 C	$/(10^{e-12}\ m^2/s)$
R0B0	17.39	17.49	14.93	1.87
R0B2	13.49	14.57	14.38	1.57
R0B4	16.27	18.27	19.6	1.02
R0B6	13.69	14.92	14.55	0.80
R50B0	17.57	17.99	17.69	5.68
R50B2	15.01	15.69	17.97	5.12
R50B4	12.6	12.49	13.88	4.90
R50B6	14.92	17.41	16.52	6.25
R100B0	7.08	7.73	7.42	2.43
R100B2	8.688	7.33	6.93	1.88
R100B4	6.623	7.27	5.73	1.45
R100B6	7.61	7.05	7.32	1.93

6.2 玄武岩纤维再生混凝土抗氯离子侵蚀机理及模型

6.2.1 玄武岩纤维再生混凝土抗氯离子侵蚀机理

RAC 相较于 NAC，界面过渡区数量增加，表观密度较小，孔隙率较大且界面过渡区之间的黏结较弱，存在肉眼可见的缝隙。氯离子在 RAC 内存在的方式有自由氯离子、与其他物质发生物理吸附和化学结合的氯离子（结合氯离子）以及被吸附在胶凝材料表面或内部裂缝中不能自由移动的氯离子。氯离子通过渗透作用进入混凝土内部与大量聚集在界面过渡区的 $Ca(OH)_2$ 发生化学反应，生成具有膨胀性复盐 $[CaCl_2 \cdot Ca(OH)_2 \cdot H_2O]$，这不仅导致溶液中的 OH^{2-} 被消耗，同时界面过渡区的主要强度来源 C-S-H 凝胶会发生相应的分解，界面过渡区中的物质还会和水化铝酸钙反应生成单氯铝酸钙和三氯铝酸钙。伴随着氯化钙生成，界面过渡区的强度降低，RAC 的抗氯离子侵蚀性能下降。纤维的加入可以在一定程度上增强界面过渡区的强度，纤维通过相互桥接填充界面过渡区之间的孔隙。当氯离子进入界面过渡区后，玄武岩纤维可以承担一部分拉应力，降低 RAC 基体承受的应力，以此提高 RAC 的抗氯离子侵蚀性能。

BFRRC 受氯离子侵蚀前后的 SEM 图像如图 6-4 所示，其中图 6-4(a)、图 6-4(b) 是 RAC 和 NAC 砂浆与骨料的界面过渡区。NAC 中的界面过渡区平整，且肉眼很难看清裂缝，材料之间的连接非常紧密。而 RAC 中界面清晰可见，且界面之间很多地方凸起，材料之间的连接也存在一些肉眼可见的缝隙。相较于 NAC，RAC 在砂浆中还存在一些水化产物，这是老砂浆再次水化造成的。由此可见：RAC 界面过渡区较为薄弱，便于氯离子通过，进而更快进入 RAC 内部。当氯离子进入界面过渡区后，通过化学反应分解 C-S-H 凝胶，界面过渡区的主要物质变成强度更低的复盐，孔隙变大导致破坏。

图 6-4(c) 表明了纤维在 RAC 中乱向均匀分布，当基体由于外力发生破坏时，纤维会承担一部分应力，延缓基体的破坏，同时纤维和基体紧密连接，使得纤维和基体共同作用，达到复合的效果。如图 6-4(d) 所示，当复合材料所承受的外力大于基体和纤维之间的黏结力时，纤维被拔出，在基体内部产生滑移。纤维虽然能够提高 RAC 的抗氯离子侵蚀性能，但是提高效果受到纤维和基体之间黏结强度的影响，同时纤维之间的搭接和纤维能否均匀分布都会影响纤维对 RAC 的作用。

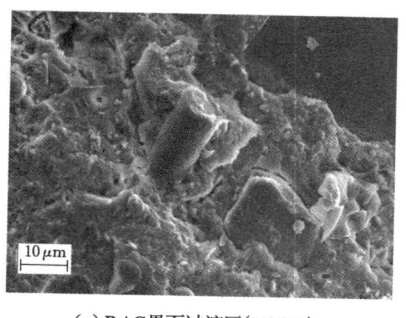
（a）RAC界面过渡区（×1 000）

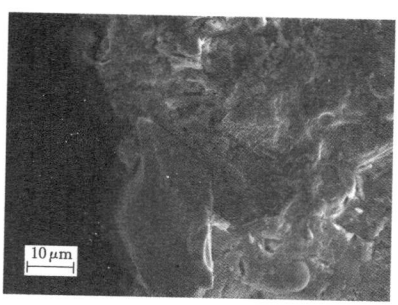
（b）NAC界面过渡区（×1 000）

（c）纤维乱向分布（×1 000）

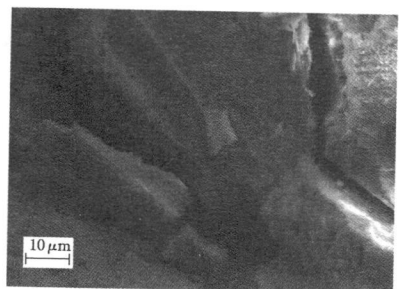
（d）纤维被拔出（×1 000）

图 6-4　玄武岩纤维再生混凝土抗氯离子侵蚀 SEM 图像

6.2.2　玄武岩纤维再生混凝土抗氯离子侵蚀模型

将试验数据进行多项式拟合，结果如图 6-5 所示。由图 6-5 可知：通过一次多项式拟合和二次多项式拟合，能较好地反映相同的 RCA 取代率时非稳态氯离子迁移系数与纤维掺量的关系。基于拟合结果建立了 BFRRC 的抗氯离子侵蚀模型，能简单快速地反映 BFRRC 抗氯离子侵蚀的情况，为实际工程提供参考。具体模型见表 6-2。

表 6-2　玄武岩纤维再生混凝土抗氯离子侵蚀模型

RCA 取代率	抗氯离子侵蚀模型	拟合结果
0%	$Y = -0.188x + 1.88$	$R^2 = 0.96$
50%	$Y = 0.12x^2 - 0.64x + 5.74$	$R^2 = 0.80$
100%	$Y = 0.06x^2 - 0.48x + 2.47$	$R^2 = 0.80$

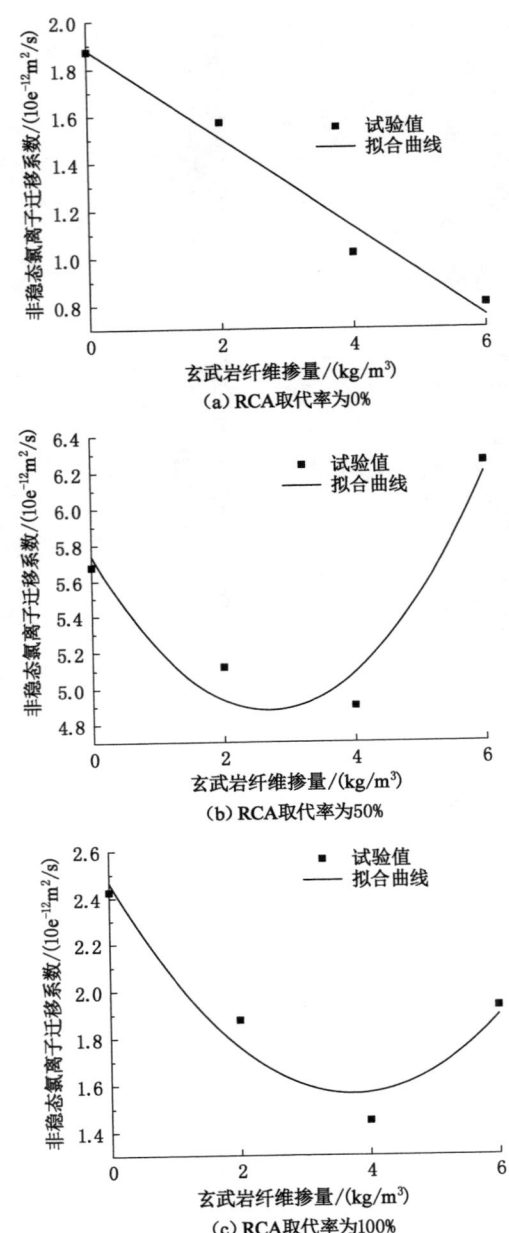

图 6-5　玄武岩纤维再生混凝土抗氯离子侵蚀拟合曲线

6.3　本章小结

通过对 BFRRC 采用 RCM 法进行抗氯离子渗透试验,分析了 RCA 取代率以及玄武岩纤维掺量对非稳态氯离子迁移系数的影响。利用试验数据进行非线性拟合,建立了 BFRRC 抗氯离子侵蚀模型,为工程实际提供参考,具体结论如下:

(1)玄武岩纤维可以降低 RAC 的非稳态氯离子迁移系数,增强其抗氯离子渗透性能。随着纤维掺量的增加,非稳态氯离子迁移系数先减小后增大。本试验中掺入 4 kg/m³ 的玄武岩纤维可以最大程度提高 RAC 的抗氯离子渗透性能。对 NAC 而言,随着玄武岩纤维掺量的增加,抗氯离子渗透性能逐渐增强,最佳掺量为 6 kg/m³。

(2)当 RCA 取代率为 50% 时,其非稳态氯离子迁移系数远高于取代率为 0% 和 100% 时的,而取代率为 100% 的 RAC,其抗氯离子渗透性能和 NAC 相差不大。在取代率为 100% 的 RAC 中加入 4 kg/m³ 的玄武岩纤维,其抗氯离子渗透性能优于 NAC。

(3)基于扩散理论,结合 SEM 从微观的角度分析了氯离子对 BFRRC 的侵蚀机理。利用试验数据进行拟合,建立了 BFRRC 抗氯离子侵蚀模型,为工程实际提供参考。

7 玄武岩纤维再生混凝土抗冻性能试验研究

7.1 玄武岩纤维再生混凝土抗冻性能试验

7.1.1 试验过程

试验采用快冻法,每组制作 3 个 100 mm×100 mm×400 mm 的棱柱体试件。根据耐久性规范将试件在标准养护条件下养护 24 d 后水养 4 d,达到 28 d 的养护龄期后从水养池中取出,保持试件表面湿润干净,随后开展抗冻试验,试验设备如图 7-1 所示。清除试件表面的浮渣和多余的水分后称量试件的初始质量并记录,观察试件的表面是否平整和棱角是否完整,运用非金属超声检测分析仪测量试件的声速,并根据相应的公式转换得到相对弹性模量。接着将试件放入快速冻融循环箱内进行试验,此后每结束 25 次冻融循环后,观察试件的外观损伤,如尺寸是否符合要求以及表面砂浆层的剥落情况,接着测量试件的质量、动弹性模量。试件的测量应快速准确,待测试件可以用湿布覆盖,测量完成后将试件掉头重新装入试件盒,试件盒内的水位应始终高于试件表面约 5 mm,当试件的质量损失或弹性模量损失到达规范要求的临界点后,停止试验。

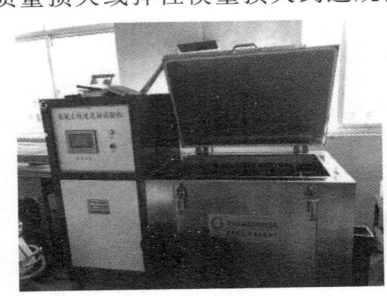

(a)试验设备　　　　　　　　　　　(b)抗冻试件

图 7-1　抗冻试验设备及试件

7.1.2 试验结果及分析

（1）外观损伤

混凝土是由多种材料构成的非均质结构,自重大的粗骨料下沉底部,砂浆和水泥浆混合形成顶部的浮浆层。当混凝土发生冻融破坏时,表面的浆体会随着冻融次数的增加逐渐剥落。图 7-2 为不同玄武岩纤维掺量、RCA 取代率为 0% 时的 RAC 125 次冻融后的外观。图 7-2(a)中 R0B0 试件表层砂浆已经脱落,能明显看到内部的粗骨料,同时棱角也有部分脱落,不再呈现直角,局部有明显凸起,表面不再平滑。图 7-2(b)中 R0B2 试件和 R0B0 试件的外观基本类似,这说明掺加 2 kg/m³ 的玄武岩纤维对于 NAC 而言,外观改善不佳。图 7-2(c)中 R0B4 试件表层砂浆虽有脱落,但还有部分残留,表面平整度也较高,表面仍有凸起,棱角基本呈直角,说明玄武岩纤维对于混凝土表面的浆体有约束的作用。图 7-2(d)中 R0B6 试件相较于前 3 组外观状态明显见好,表层砂浆脱落程度较低,表面光滑,未见明显凸起,棱角分明。结果表明:玄武岩纤维可以明显改善 NAC 冻融外观损伤,本试验中玄武岩纤维掺量为 6 kg/m³ 时改善效果最佳。

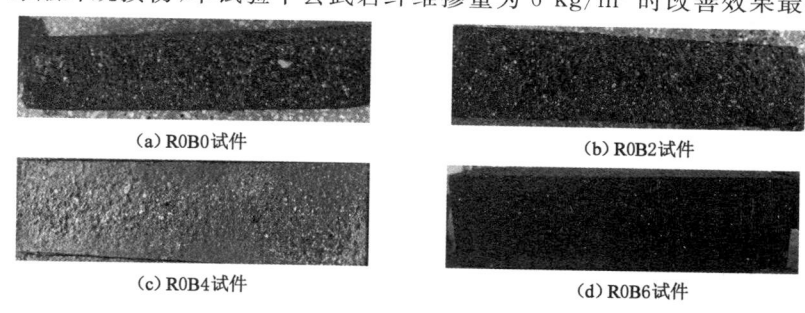

(a) R0B0试件　　　　　　　　　　(b) R0B2试件

(c) R0B4试件　　　　　　　　　　(d) R0B6试件

图 7-2　RCA 取代率为 0% 的不同玄武岩纤维掺量时冻融循环 125 次后的外观

图 7-3 为不同玄武岩纤维掺量、RCA 取代率为 50% 时的 RAC125 次冻融循环后的外观。图 7-3(a)中 R50B0 试件表层的砂浆部分脱落,表面呈现鱼鳞状,出现一些肉眼可见的孔隙,且孔隙分布大致在试件的中部,试件的棱角有部分脱落变得不规则。图 7-3(b)中 R50B2 试件表面的砂浆未完全脱离,但是在试件中部已经出现了骨料外露,且出现了比 R50B0 试件还多的孔隙集中在试件中部,这说明掺加 2 kg/m³ 的玄武岩纤维增大了 50% 取代率时 RAC 的外观损伤。图 7-3(c)和图 7-3(d)中的 R50B4 试件、R50B6 试件,表层砂浆剥落少,棱角完整,外观无明显差别,说明玄武岩纤维对外观损伤的改善有一个最佳值,当超过这个最佳值之后,外观改善变得不明显。试验结果表明:掺入适量的玄武岩纤维对 50% 取代率时的 RAC 外观改善明显,4 kg/m³ 时改善效果最明显。

(a) R50B0 试件　　　　　　　　　　　　　(b) R50B2 试件

(c) R50B4 试件　　　　　　　　　　　　　(d) R50B6 试件

图 7-3　RCA 取代率为 50％的不同玄武岩纤维掺量时的冻融循环 125 次后的外观

图 7-4 是不同玄武岩纤维掺量时 RCA 取代率为 100％的 RAC 试件 125 次冻融循环后的外观。图 7-4(a)中 R100B0 试件虽然表层的砂浆并没有很严重剥落，但是出现了更多的肉眼可见的孔隙，且分布范围相较于 RCA 取代率为 50％时的更广。图 7-4(b)中 R100B2 试件则出现了严重的尺寸损伤，连同试件外围均出现了剥落现象。R100B4 试件、R100B6 试件均出现了严重的棱角脱落，试件的边缘已经脆化，表层砂浆基本剥落完毕，暴露出内部的骨料，出现了较多的大孔隙，分布广泛。试验结果表明：100％取代率的再生混凝土相较于取代率为 0％和 50％时的，其外观损伤主要集中在棱角；玄武岩纤维对于 100％取代率时的 RAC 外观损伤的改善有限，2 kg/m³ 相较于其他掺量效果最佳。

(a) R100B0 试件　　　　　　　　　　　　(b) R100B2 试件

(c) R100B4 试件　　　　　　　　　　　　(d) R100B6 试件

图 7-4　RCA 取代率为 100％的不同玄武岩纤维掺量时的冻融循环 125 次后的外观

（2）质量损失

在试验过程中，每隔 25 次冻融循环后取出试件，擦干表面水分进行称重，计算其质量损失。图 7-5 是不同玄武岩纤维掺量时的 RAC 质量损失与冻融次数的关系曲线。图 7-5(a)中 NAC 的质量损失与 RAC 相比更大，在冻融循环 125

次后 R0B0 试件质量损失 1.53%，而 R50B0 试件、R100B0 试件仅为 0.21%、
0.65%，但这并不代表 RAC 冻融损伤更少，而是因为再生骨料存在更多的孔
隙，在水化过程中会吸收一部分水，导致质量增大。由图 7-5(b)、图 7-5(c)、
图 7-5(d)可知：随着冻融循环次数的增加，质量损失先增大后减小，在冻融循环
前期质量损失为负值，这与 J. Wawrzeńczyk 等[177]和 J. Wu 等[178]的研究结果一
致。这是因为冻融循环使得混凝土内部孔隙变多，水分经由孔隙进入混凝土内
部，吸水量大于剥落量，同时水泥、粉煤灰、硅灰水化的二次产物会堆积在混凝土
内部，导致质量增大。因此采用质量损失率表征 BFRRC 的抗冻损伤会存在较
大的误差。

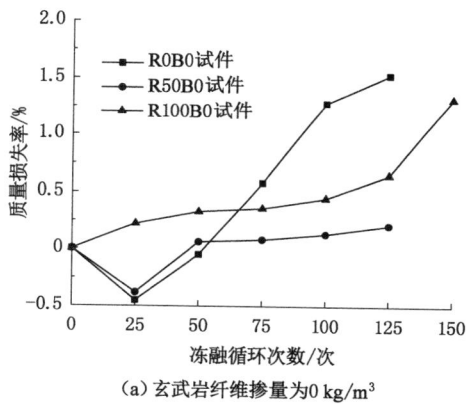

(a) 玄武岩纤维掺量为 0 kg/m³

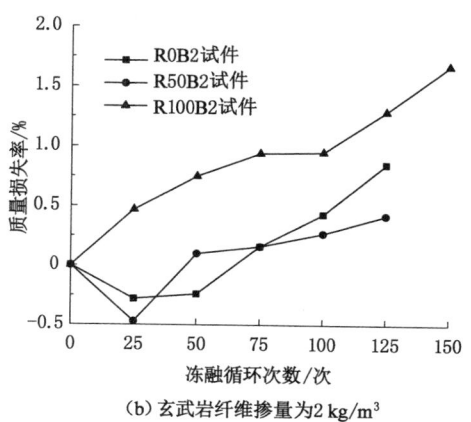

(b) 玄武岩纤维掺量为 2 kg/m³

图 7-5　不同玄武岩纤维掺量时质量损失率与冻融循环次数的关系曲线

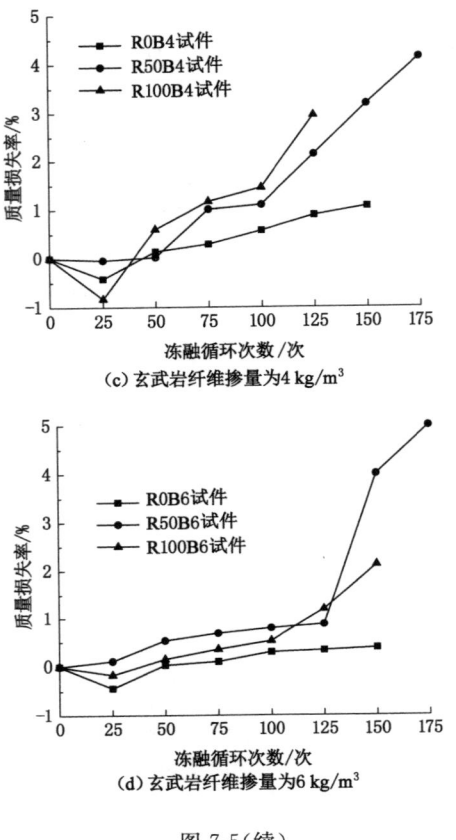

(c) 玄武岩纤维掺量为 4 kg/m³

(d) 玄武岩纤维掺量为 6 kg/m³

图 7-5(续)

图 7-6 为不同 RCA 取代率时质量损失率与冻融循环次数的关系曲线。图 7-6(a)可知:由掺加玄武岩纤维可以降低 NAC 的质量损失率,且掺加 6 kg/m³玄武岩纤维时效果最好,在冻融循环 125 次后,质量损失率相较于 R0B0 试件下降了 1.2%。由图 7-6(b)可知:R50B0 试件和 R50B2 试件的曲线基本重合,2 kg/m³的玄武岩纤维掺量对质量损失率的影响很小,R50B4 试件、R50B6 试件的质量损失率相较于 R50B0 试件有明显的增大。在冻融循环 125 次后,R50B4 试件的质量损失率达到了 2.14%,是 R50B0 试件的 10 倍,这说明掺加玄武岩纤维增大了 50% 取代率时玄武岩纤维 RAC 的质量损失。图 7-6(c)中也呈现了和图 7-6(b)相类似的趋势,说明掺加玄武岩纤维不能降低 RAC 的质量损失率。

(3) 相对动弹性模量

每 25 次冻融循环后,利用非金属超声波检测分析仪测定在试件中传播的波速,根据式(7-1)计算其 DEM。

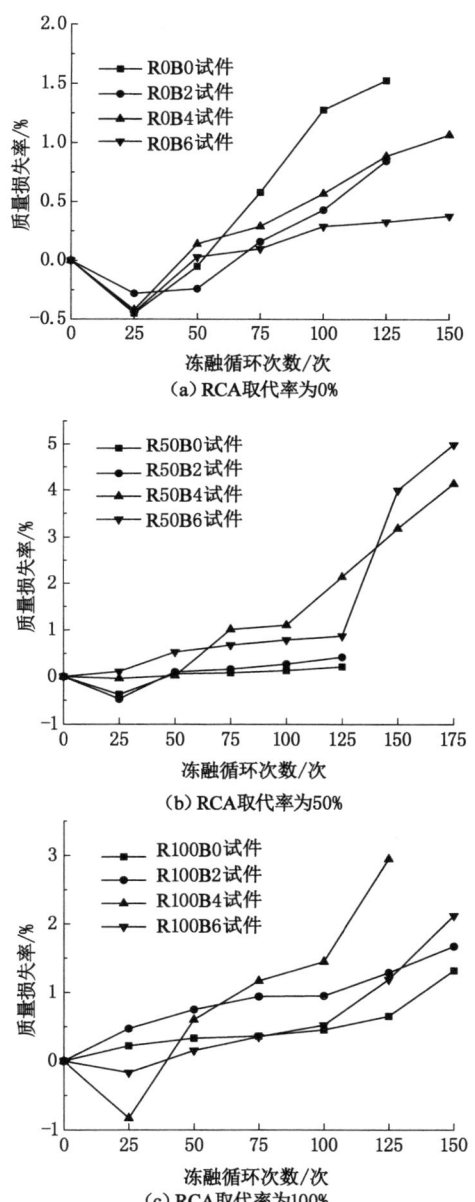

图 7-6　不同 RCA 取代率时质量损失率与冻融循环次数的关系曲线

$$E = \frac{\rho(1+\gamma)(1-2\gamma)}{1-\mu}v^2 \tag{7-1}$$

式中　ρ——材料密度；

　　　μ——材料的泊松比；

　　　v——声波在材料中传播的速度。

由于材料的泊松比和密度变化幅度不大，因此混凝土的 RDEM 可用式(7-2)计算。

$$E_r = \frac{E_t}{E_0} = \frac{v_t^2}{v_0^2} \tag{7-2}$$

式中　E_t——经过 t 次冻融循环后试件的 DEM；

　　　E_0——试件的初始弹性模量；

　　　v_t——经过 t 次冻融循环后声波在试件中传播的速度；

　　　v_0——初始声速。

冻融循环后，不同 RCA 取代率时 BFRRC 的 RDEM 随冻融循环次数的变化如图 7-7 所示。如图 7-7(a)所示，R0B0 试件和 R0B2 试件均在冻融循环 75 次后，RDEM 降至 60% 以下发生破坏，在 25 次、50 次时，R0B2 试件的相对弹性模量均高于 R0B0 试件，说明掺入 2 kg/m³ 的玄武岩纤维可以延缓试件的冻融损伤，但由于掺量过少，玄武岩纤维的作用有限，效果并不明显。R0B4 试件、R0B6 试件破坏时的冻融循环次数均高于 R0B0 试件的，达到了 100 次和 125 次，说明4 kg/m³ 和 6 kg/m³ 的玄武岩纤维掺量可以降低 NAC 的 RDEM 损失。这是因为一方面玄武岩纤维可以填充一部分水泥水化产生的孔隙，减少水分进入混凝土内部的通道，另一方面纤维可以在裂缝之间进行有效搭接，阻断孔隙的连通，使混凝土内部的孔隙直径变小，密实结构的同时使得水分迁移变得困难，延缓裂缝的产生。

图 7-7(b)中，R50B2 试件与 R50B0 试件相比，R50B0 试件的抗冻性能较好，说明玄武岩纤维在基体内并未发挥填充阻裂的作用，反而由于掺量过少，导致纤维和混凝土之间的黏结力不足，降低了密实度且产生了更多的裂缝。R50B4 试件破坏时冻融次数高于 R50B0 试件，RDEM 下降缓慢，说明掺入 4 kg/m³ 的玄武岩纤维可以提高 RCA 取代率为 50% 的 RAC 的抗冻性能。这是因为冻融循环过程中，孔隙会由于膨胀压力而扩展贯通，形成水分子容易通过的通道，而玄武岩纤维可以承担大部分膨胀产生的拉应力，缓解孔隙间的膨胀，降低因失水收缩产生的毛细管张力。

图 7-7(c)中，R100B6 试件和 R100B2 试件均在冻融循环 75 次后破坏，这与图 7-7(b)中 R50B6 试件和 R50B0 试件类似，主要是因为玄武岩纤维和 RAC 具

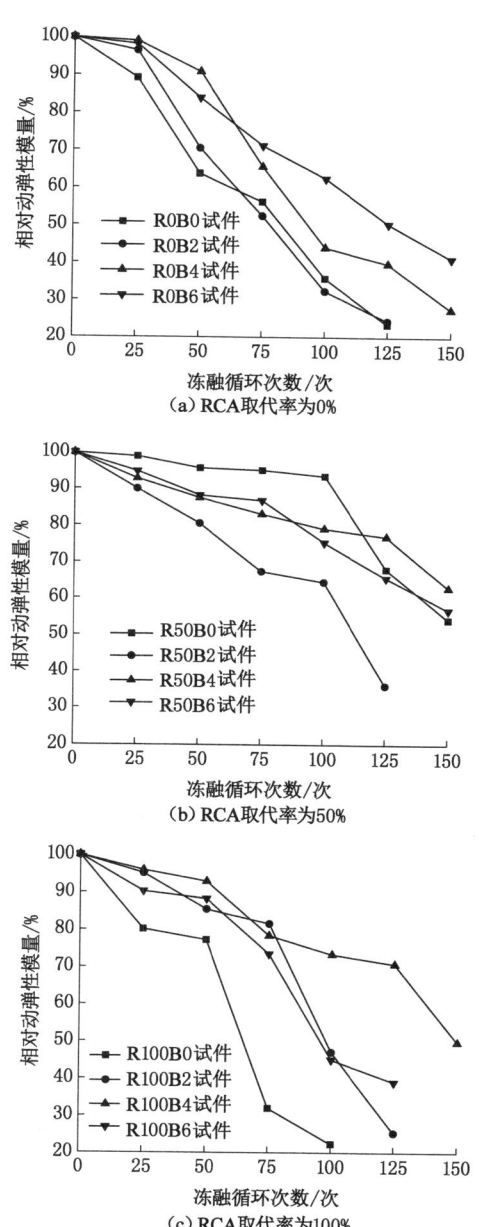

图 7-7 不同 RCA 取代率时 RDEM 与冻融循环次数的关系曲线

有良好的黏结时,纤维才能发挥其作用,而 R50B6 试件和 R100B6 试件中掺入了过量的玄武岩纤维,没有足够的水泥浆包裹纤维,纤维暴露在基体表面吸水产生更多的孔隙,降低了密实度。R100B4 试件在冻融循环 150 次后破坏,说明掺入适量的玄武岩纤维后可以有效提高 RAC 的抗冻性能。

图 7-8 为不同玄武岩纤维掺量时再生混凝土 RDEM 随冻融循环次数的变化。图 7-8(a)中未掺入玄武岩纤维的 RAC,RCA 取代率为 50％时,抗冻性能最好,主要原因是冻融是在有水的环境中进行的,再生骨料内部孔隙多,适量的多孔隙结构可以在水泥水化过程中吸收一部分水,对 RAC 有内养护的作用。R100B0 试件破坏时的冻融循环次数虽然与 R0B0 试件相同,但是在冻融循环 50 次至 75 次时,其相对弹性模量下降更快,冻融损伤在内部积累,能量突然释放,相较 NAC 脆性更明显。

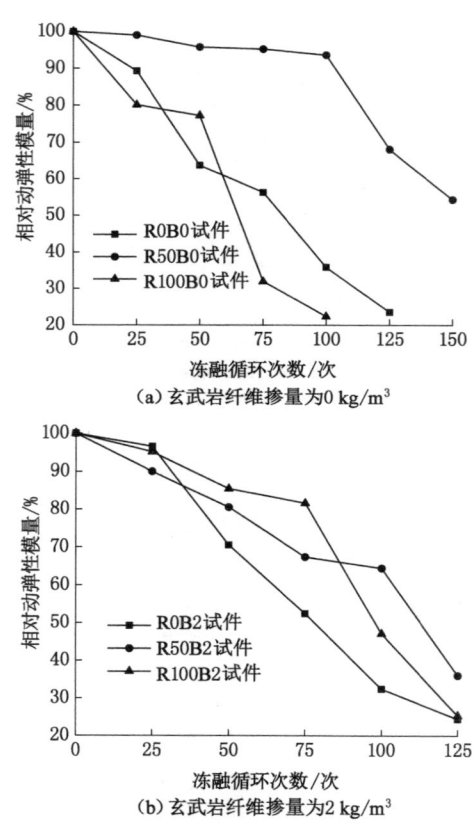

（a）玄武岩纤维掺量为 0 kg/m³

（b）玄武岩纤维掺量为 2 kg/m³

图 7-8　不同玄武岩纤维掺量时 RDEM 与冻融循环次数的关系曲线

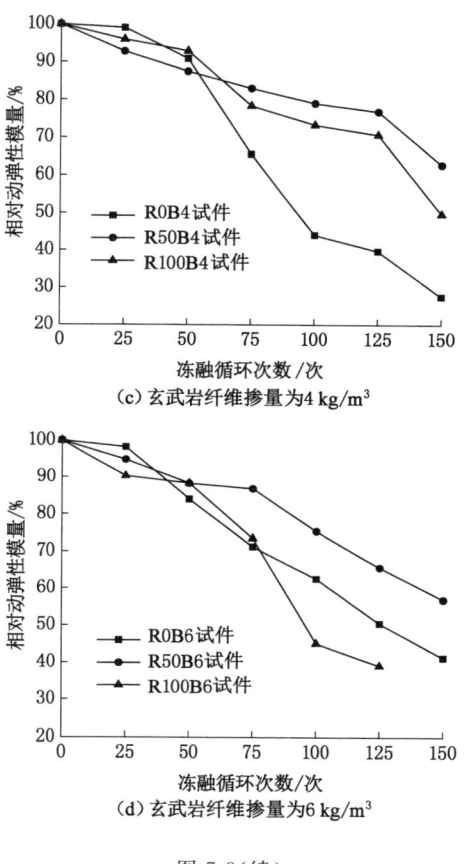

（c）玄武岩纤维掺量为4 kg/m³

（d）玄武岩纤维掺量为6 kg/m³

图 7-8（续）

图 7-8（b）中，R100B2 试件在冻融循环 100 次后破坏，R50B2 试件在冻融循环 125 次后破坏，玄武岩纤维对于 RAC 的增强作用更加明显。图 7-8（c）中 R100B4 试件和 R50B4 试件的 RDEM 下降速率缓慢，抗冻性能均高于 R0B4 试件，表明掺入 4 kg/m³ 玄武岩纤维的 RAC 相较于 NAC 延性更好。RAC 薄弱的界面区是破坏最主要的原因，而纤维的桥接可以提高强度，改变内部应力的传递路径，NAC 没有那么多薄弱的界面，纤维对 RAC 的影响更明显。结合图 7-8（c）和图 7-8（d），掺入 6 kg/m³ 的玄武岩纤维相较于掺入 4 kg/m³ 的，RAC 的冻融循环次数变少，相对动弹性模量下降更快，说明过量的玄武岩纤维使得抗冻性能变差。

综上可知 RAC 和 NAC 在冻融损伤方面具有类似的规律。玄武岩纤维对于 RAC 的增强效果大于 NAC，过量的玄武岩纤维会降低其抗冻性能。本试验中对于 NAC 来说，玄武岩纤维最佳掺量为 6 kg/m³，RCA 取代率为 50％ 和

100％时，玄武岩纤维最佳掺量为 4 kg/m³。

7.2 玄武岩纤维再生混凝土冻融损伤机理及模型

7.2.1 玄武岩纤维再生混凝土冻融损伤机理

反复冻融使 RAC 受到类似循环荷载的作用，在异相材质界面间产生应力畸变，内部孔隙及微小裂缝逐渐扩大，从而疏松多孔，使其性能不断劣化。混凝土的抗冻性能主要受含气量、气孔结构和饱水度的影响，玄武岩纤维可以改变基体的孔结构，从而提高其抗冻性能。

图 7-9(a)、图 7-9(b)为 RAC 经过冻融前后通过电子显微镜放大 1 000 倍后的图像，冻融前基体密实孔隙少，冻融后材料变得疏松，孔径变大。RDEM 相较于质量损失率能更好地表征这种内部损伤，孔径的大小决定了孔隙中水的冰点，孔径越大，冰点越高，成冰率越高，抗冻性能越差。从图 7-9(c)可以看到：玄武岩纤维表面光滑，和基体黏结良好，可以共同工作，这是纤维增强 RAC 抗冻性能的前提条件，只有纤维和基体良好结合，才能在能量耗散的时候共同作用，延缓孔隙的产生和扩展。图 7-9(d)中纤维跨越基体之间的裂隙，一方面阻断裂缝的贯通密实孔隙结构，使得水分迁移困难，毛细管压力降低；另一方面可以分担一部分由于孔隙水结冰产生的膨胀压力和自由水结冰造成浓度差而产生的渗透压，缓解应力集中。图 7-9(f)为纤维被拔断，说明 BFRRC 在冻融过程中当承受的拉应力大于纤维和基体之间的黏结力后纤维被拔出，纤维失效的同时产生了新的裂缝。图 7-9(e)表明：掺入过量的玄武岩纤维会造成纤维团聚，增加孔隙数量，劣化孔结构，降低抗冻性能。

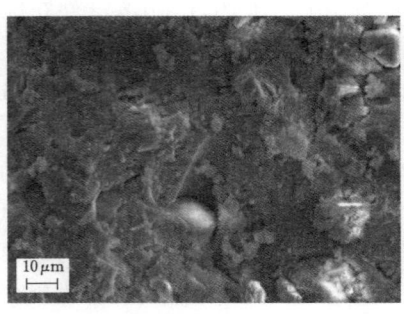 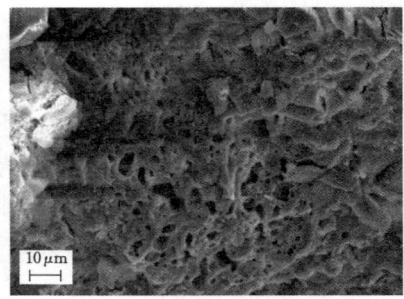

（a）冻融前的基体（×1 000）　　　　　　（b）冻融后的基体（×1 000）

图 7-9　冻融条件下玄武岩纤维再生混凝土的 SEM 图像

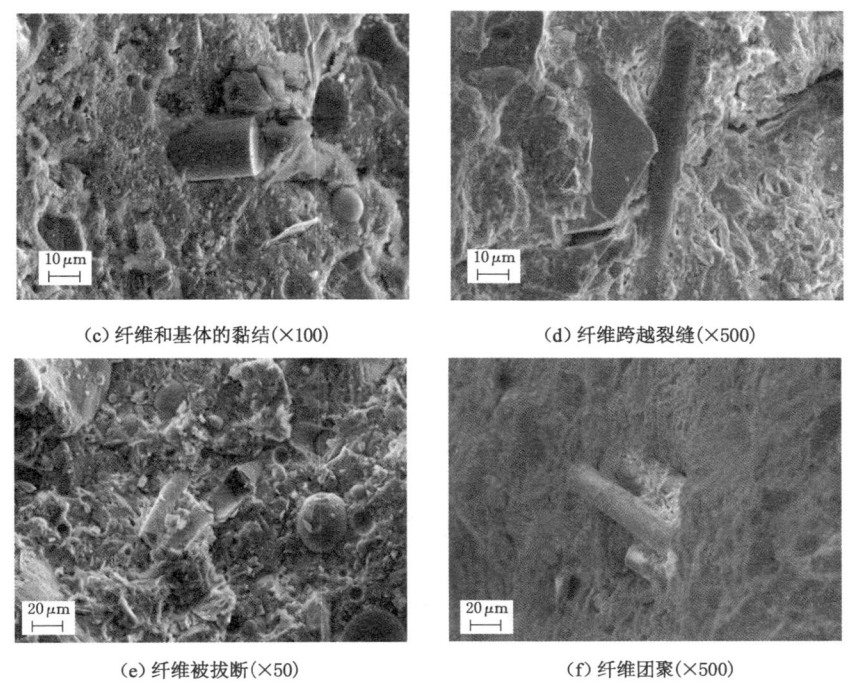

(c) 纤维和基体的黏结(×100)　　　　　　　(d) 纤维跨越裂缝(×500)

(e) 纤维被拔断(×50)　　　　　　　(f) 纤维团聚(×500)

图 7-9(续)

7.2.2　玄武岩纤维再生混凝土冻融损伤模型

　　混凝土的冻融损伤主要是由混凝土内部结构的微裂缝的增加和扩展引起的,其劣化的实质是表面和界面不断损伤累积,而材料的微观损伤起到重要的作用。大量学者认为混凝土的 RDEM 可以从宏观上反映混凝土内部的损伤情况,因此以 RDEM 表征 RAC 的内部损伤,根据试验数据利用回归分析方法建立 BFRRC 的冻融损伤模型。基于应变等价原理定义损伤变量。

$$D = 1 - \frac{E_t}{E_0} \tag{7-3}$$

$$E_r = \frac{E_t}{E_0} \tag{7-4}$$

$$D = 1 - E_r \tag{7-5}$$

式中,D 为 BFRRC 的损伤度。

　　根据相关规范,当损伤度为 40% 时试件已经破坏,因此,定义损伤度为 40% 时对应的冻融循环次数为试件的最终冻融循环次数。

利用 Origin 定位 D 为 40％时所对应的冻融循环次数，并作出相对应的图像，如图 7-10 所示。通过分析可知：数据呈现幂指数函数变化趋势，因此基于幂函数进行非线性拟合得到的参数值见表 7-1。

$$Y = ax^b \tag{7-6}$$

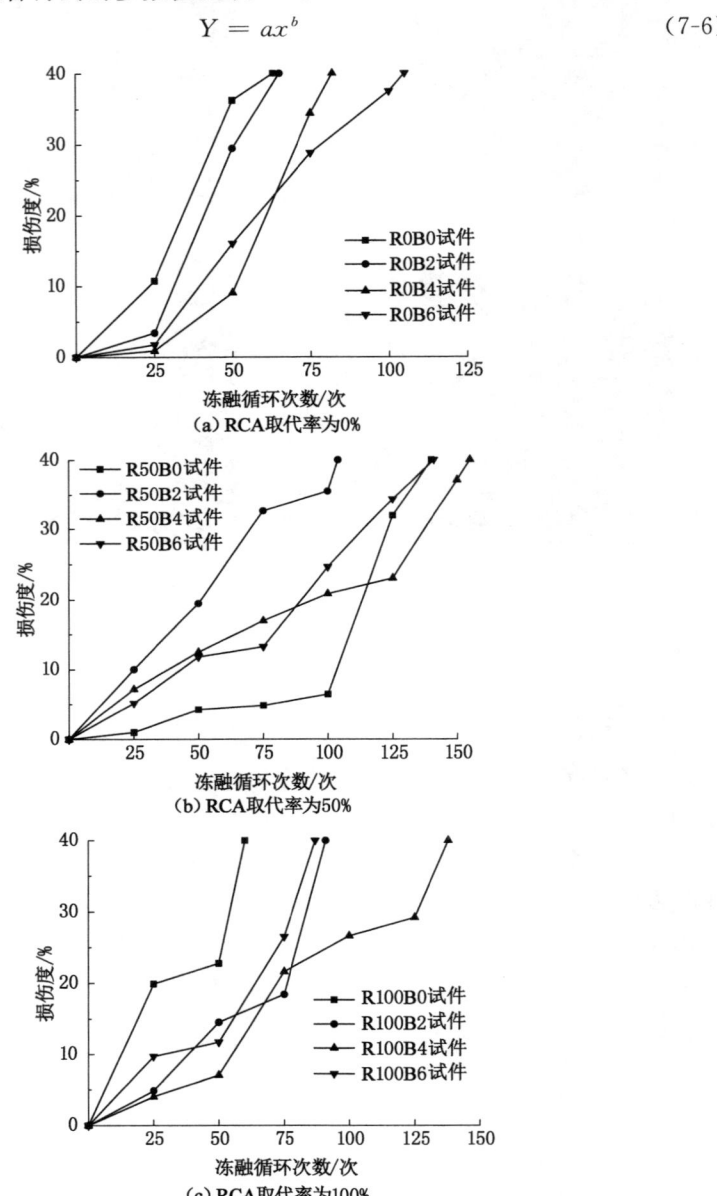

图 7-10 不同 RCA 取代率时损伤度随冻融循环次数的变化

表 7-1 玄武岩纤维再生混凝土冻融模型参数

试件编号	a	b	R^2
R0B0	0.238	1.251	0.87
R0B2	0.019	1.844	0.91
R0B4	0.000	2.839	0.99
R0B6	0.076	1.350	0.96
R50B0	0.000	3.811	0.94
R50B2	0.607	0.898	0.96
R50B4	0.130	1.120	0.92
R50B6	0.041	1.390	0.97
R100B0	1.266	0.811	0.26
R100B2	0.004	2.029	0.84
R100B4	0.076	1.262	0.93
R100B6	0.013	1.792	0.88

由表 7-1 可知:当取代率相同时,a 值变化不大。为了使建立的模型简单实用,对参数 a 在取代率相同时取算术平均值。根据试验数据,基于相同的公式 $Y=ax^b$ 进行非线性拟合,结果见表 7-2。由表 7-2 可知:当 a 取平均值后,得到的模型拟合精度和未取平均值的模型相比,R100B0 试件的拟合精度更高,其余试件的拟合精度差距不大。因此将 a 定义为与取代率有关的参数,随着取代率的变化而变化,定义 b 为与另一设计指标纤维掺量有关的参数,随着纤维掺量的变化而变化,作出 b 值随纤维掺量变化的图像并利用适当的公式进行拟合,如图 7-11 所示。

表 7-2 玄武岩纤维再生混凝土冻融模型参数

试件编号	a	b	R^2
R0B0	0.083	1.512	0.96
R0B2	0.083	1.481	0.96
R0B4	0.083	1.382	0.90
R0B6	0.083	1.332	0.98

表 7-2（续）

试件编号	a	b	R^2
R50B0	0.194	1.013	0.67
R50B2	0.194	1.151	0.97
R50B4	0.194	1.038	0.95
R50B6	0.194	1.064	0.97
R100B0	0.339	1.143	0.66
R100B2	0.339	1.007	0.84
R100B4	0.339	0.945	0.93
R100B6	0.339	1.032	0.88

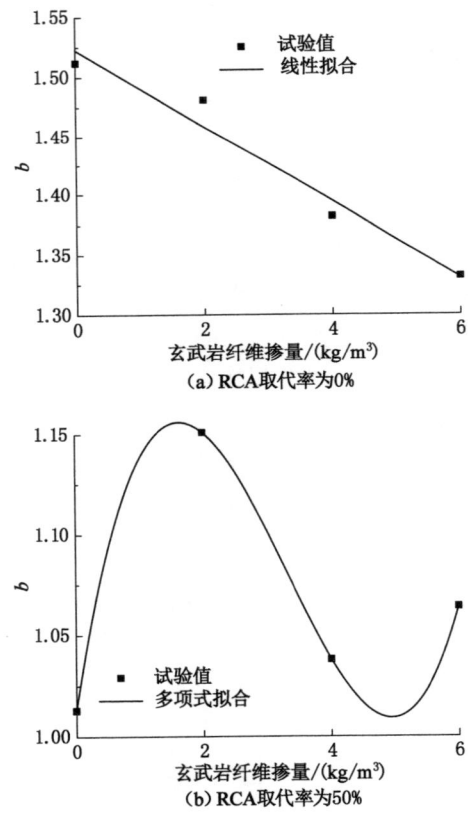

图 7-11 不同取代率时 b 值拟合曲线

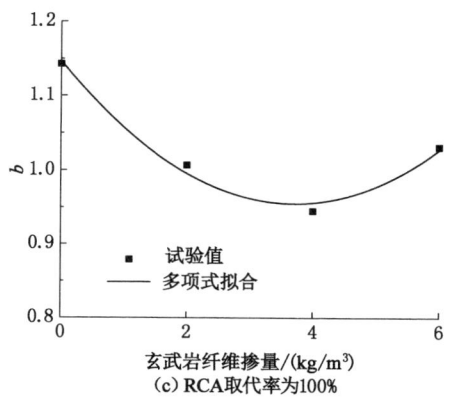

（c）RCA取代率为100%

图 7-11（续）

由图 7-11 可知：利用上述方法对试验数据进行拟合，可以很好地表征 BFRRC 的抗冻性能，由此建立了 BFRRC 的冻融损伤模型，其中 D 为损伤度，x 为冻融循环次数。当 $x=0$ 时，$D=0$。当 $D=40$ 时，试件破坏，此时对应的 x 为试件的最终的冻融次数。a 为与 RCA 取代率有关的变量，本模型中，根据试验数据给出了不同 RCA 取代率时 a 的取值。b 为与纤维掺量有关的变量。本试验通过拟合，给出了 b 值随纤维掺量 m 变化而变化的函数，具体冻融损伤模型见表 7-3。

表 7-3 玄武岩纤维再生混凝土冻融损伤模型

RCA 取代率	a	冻融损伤模型
0%	0.083	$D=0.083x^{-0.03m+1.5226}$
50%	0.194	$D=0.194x^{0.008m^3-0.08m^2+0.197m+1.013}$
100%	0.339	$D=0.339x^{0.014m^2-0.103m+1.147}$

7.3 本章小结

对 BFRRC 进行了快速冻融循环试验，实测了外观损伤、质量损失率和 RDEM 等抗冻性能指标，同时通过电镜扫描对 BFRRC 冻融前后的微观结构进行了观测，对测试结果进行分析得出以下结论：

（1）与 NAC 的表面砂浆剥落不同，随着冻融循环次数增加，RAC 试件的中部开始出现孔洞，冻融早期样品的边缘和角部就已经破坏，外观损伤加剧，加入适量的玄武岩纤维可以降低 RAC 的外观损伤。

（2）随着冻融循环次数的增加，RAC 的质量损失率先增大后减小，且质量损失率低于 NAC，不建议使用质量损失率表征 BFRRC 的抗冻损伤，玄武岩纤维不能降低 RAC 的质量损失率。

（3）RDEM 随着冻融循环次数的增加而逐渐降低，RCA 取代率为 50% 时，RDEM 下降速率减小，体现出优于 NAC 的抗冻性能。玄武岩纤维对于 RAC 的增强效果好于 NAC，过量的玄武岩纤维会降低其抗冻性能。本试验中，掺入 4 kg/m^3 的玄武岩纤维能最大程度降低 RAC 的 RDEM 损失，提高 RAC 的抗冻性能，而 NAC 则是 6 kg/m^3。

（4）通过 SEM 观察，玄武岩纤维在 RAC 中均匀分布，从而防止裂纹的扩展，承担了一部分拉应力和膨胀应力，缓解了应力集中，有效提高了 RAC 的抗冻耐久性。

（5）根据试验数据拟合分析可知：以 RDEM 定义损伤变量建立的 BFRRC 冻融损伤模型，可以简单准确地反映 BFRRC 的冻融损伤程度。

8 结论与展望

8.1 结论

通过改变玄武岩纤维掺量以及再生粗骨料取代率,结合微观分析和理论分析,研究了玄武岩纤维再生混凝土的基本力学性能和耐久性,主要结论如下:

(1)玄武岩纤维可以改善再生混凝土的破坏形态,掺入了玄武岩纤维的再生混凝土的试块在破坏过程中表面裂缝少且裂缝发展过程相对缓慢,破坏时声音沉闷,碎片崩落少,试块相对完整。

(2)玄武岩纤维对再生粗骨料取代率为50%的再生混凝土的立方体抗压强度、轴心抗压强度、劈裂抗拉强度、抗折强度具有显著的增强效果,分别增大了10.2%、18.43%、29.43%、14.67%,并且超过同配合比的普通混凝土。

(3)基于试验数据建立了再生混凝土关于玄武岩纤维掺量无量纲的立方体抗压强度、轴心抗压强度、抗折强度、劈裂抗拉强度关系式,以及再生混凝土关于玄武岩纤维掺量轴压比、拉压比、折压比函数关系式,简单实用且精度高。

(4)玄武岩纤维掺量为0.2%~0.3%时,再生粗骨料取代率为50%时的再生混凝土的应力-应变关系曲线上升趋势最明显,承受荷载的能力显著提高。

(5)RAC和NAC具有类似的碳化规律,其碳化深度均随着碳化时间的增加而增大。当RCA取代率为50%时,RAC的碳化深度低于NAC,显示出优于NAC的抗碳化性能。掺入玄武岩纤维可以提高BFRRC的抗碳化性能,但玄武岩纤维的掺量不是越多越好,存在一个最优值。本试验中,掺入2 kg/m³的玄武岩纤维能最有效地提高再生混凝土的抗碳化性能。

(6)玄武岩纤维可以提高再生混凝土的抗氯离子侵蚀性能,随着纤维掺量的增加,非稳态氯离子迁移系数先减小后增大,在100%取代率的RAC中加入4 kg/m³的玄武岩纤维,其抗氯离子侵蚀性能优于NAC。

(7)与NAC的表面砂浆剥落不同,随着冻融循环次数增加,RAC试件的中部开始出现孔洞。在冻融早期,样品的边缘和角部就已经破坏,外观损伤加剧。随着冻融次数的增加,RAC的质量损失率先增大后减小,且质量损失率低于

NAC,不建议使用质量损失率表征 BFRRC 的抗冻损伤；RDEM 随着冻融次数的增加而逐渐降低，当 RCA 取代率为 50％时，RDEM 下降速率减小，体现出优于 NAC 的抗冻性能。本试验中，掺入 4 kg/m³ 的玄武岩纤维能最大程度降低 RAC 的 RDEM 损失，提高 RAC 的抗冻性能。

（8）通过电镜扫描观察，玄武岩纤维在 RAC 中分布良好，并且与新老砂浆黏结紧密，大大改善了 RCA-新砂浆、天然骨料-老砂浆等界面过渡区的黏结强度。此外，结合复合材料理论，提出了玄武岩纤维和 RCA 二者之间的复合效应，为 BFRRC 的进一步研究和实际应用提供理论依据。

8.2 展望

本书基于大量试验研究了玄武岩纤维掺量和再生粗骨料取代率对再生混凝土的抗压强度、抗拉强度、抗折强度、应力-应变关系曲线等方面的影响规律，并结合微观分析和复合材料理论对其做了积极的探索分析，取得了一些研究成果。但是由于受到研究水平以及试验条件等各方面的限制，仍需要更深、更广的研究和探讨，主要包括以下几个方面：

（1）本书仅研究了玄武岩纤维掺量、再生粗骨料取代率对再生混凝土部分力学性能的影响，而建筑废弃物的再生利用不能局限于再生粗骨料，关于玄武岩纤维对再生细骨料混凝土、全再生混凝土力学性能的影响还有待研究。

（2）由于再生混凝土属于多相复合材料，其强度和性能受试验材料、试验条件等多种因素的影响，如水灰比、骨料强度、水泥强度、养护龄期等，在未来的研究工作中可以引入其他因素多方面综合考虑。

（3）在实际工程中，混凝土往往受到多种有害物质的侵蚀，但作者只考虑了单一因素，关于玄武岩纤维再生混凝土在多种因素耦合作用下耐久性能的表现和评估还需进一步探索。

（4）本书仅对玄武岩纤维再生混凝土工程实际应用的可能性进行了初步探索，而玄武岩纤维再生混凝土柱、梁、板的性能还需进一步研究。

参 考 文 献

［1］ SAFIUDDIN M，ALENGARAM U J，RAHMAN M M，et al. Use of recycled concrete aggregate in concrete：a review［J］. Journal of civil engineering and management，2013，19(6)：796-810.

［2］ 孙岩，孙可伟，郭远臣. 再生混凝土的利用现状及性能研究［J］. 混凝土，2010(3)：105-107.

［3］ 国家改革委. 中国资源综合利用年度报告［R/OL］. (2014-10-09)[2014-10-11]. http://finance. china. com. cn/roll/20141011/2718558. shtml.

［4］ 方帅，邹桂莲，王华新，等. 国外建筑垃圾资源再利用调查与启示［J］. 公路工程，2017，42(5)：154-158.

［5］ 李俊，牟桂芝，大野木升司. 日本建筑垃圾再资源化相关法规介绍［J］. 中国环保产业，2013(8)：65-69.

［6］ 秦小艳. 建筑废弃物分类及其对环境污染影响关联因素分析研究［D］. 重庆：重庆大学，2012.

［7］ 李浩，翟宝辉. 中国建筑垃圾资源化产业发展研究［J］. 城市发展研究，2015，22(3)：119-124.

［8］ 毕鸿章. 日本重视建设工地废弃物资源再利用［J］. 建材工业信息，1998(1)：25.

［9］ DI GIANFILIPPO M，VERGINELLI I，COSTA G，et al. A risk-based approach for assessing the recycling potential of an alkaline waste material as road sub-base filler material［J］. Waste management (New York，N Y)，2018，71：440-453.

［10］ POON C S，CHAN D. Feasible use of recycled concrete aggregates and crushed clay brick as unbound road sub-base［J］. Construction and building materials，2006，20(8)：578-585.

［11］ TOPINI D，TORALDO E，ANDENA L，et al. Use of recycled fillers in bituminous mixtures for road pavements［J］. Construction and building materials，2018，159：189-197.

［12］ 朱红兵，赵耀，雷学文，等. 再生混凝土研究现状及研究建议［J］. 公路工程，

2013,38(1):98-102.

[13] JIN R Y, LI B, ZHOU T Y, et al. An empirical study of perceptions towards construction and demolition waste recycling and reuse in China [J]. Resources, conservation and recycling, 2017, 126:86-98.

[14] 王程,施惠生. 废弃混凝土再生利用技术的研究进展[J]. 材料导报, 2010, 24(1):120-124.

[15] 邓寿昌,张学兵,罗迎社. 废弃混凝土再生利用的现状分析与研究展望[J]. 混凝土, 2006(11):20-24.

[16] 姚尧,刘红梅,王建军,等. 再生混凝土改性研究现状[J]. 材料科学与工程学报, 2019, 37(2):339-344.

[17] 周静海,康天蓓,王凤池. 废弃纤维再生混凝土细观结构研究[J]. 混凝土, 2019(11):78-82.

[18] 孙冰,陈国梁,张宏龙,等. 再生混凝土变形性能研究进展[J]. 混凝土, 2019(9): 39-42,51.

[19] 雷颖,肖建庄,王春晖. 太原市再生混凝土建筑结构碳排放研究[J]. 建筑科学与工程学报, 2022, 39(1):97-105.

[20] 周静海,刘昱,康天蓓,等. 废弃纤维再生混凝土黏结性能试验[J]. 建筑科学与工程学报, 2021, 38(5):66-73.

[21] GÁLVEZ-MARTOS J-L, STYLES D, SCHOENBERGER H, et al. Construction and demolition waste best management practice in Europe[J]. Resources, conservation and recycling, 2018, 136:166-178.

[22] HO N Y, LEE Y P K, LIM W F, et al. Efficient utilization of recycled concrete aggregate in structural concrete[J]. Journal of materials in civil engineering, 2013, 25(3):318-327.

[23] AKBARNEZHAD A, ONG K C G, TAM C T, et al. Effects of the parent concrete properties and crushing procedure on the properties of coarse recycled concrete aggregates[J]. Journal of materials in civil engineering, 2013, 25(12):1795-1802.

[24] MEDINA C, ZHU W Z, HOWIND T, et al. Influence of mixed recycled aggregate on the physical-mechanical properties of recycled concrete[J]. Journal of cleaner production, 2014, 68:216-225.

[25] ZAETANG Y, SATA V, WONGSA A, et al. Properties of pervious concrete containing recycled concrete block aggregate and recycled concrete aggregate[J]. Construction and building materials, 2016, 111:15-21.

［26］ 汪振双,苏昊林.重复再生混凝土性能和环境影响研究［J］.中国环境科学,
2018,38(10):3801-3807.

［27］ 元成方,李爽.纤维增强再生骨料混凝土研究综述［J］.混凝土,2018(9):
31-34,39.

［28］ 赵靖芸,杨秋伟,陆晨,等.再生混凝土梁结构近期研究进展［J］.混凝土,
2018(9):50-53,58.

［29］ 李秋义,李云霞,朱崇绩,等.再生混凝土骨料强化技术研究［J］.混凝土,
2006(1):74-77.

［30］ 成全,LING T C,李波.再生混凝土多次搅拌工艺综述［J］.混凝土,2019(7):
140-144.

［31］ SHIMA H, TATEYASHIKI H, NAKATO T, et al. New technology for
recoving high quality aggregate from demolished concrete ［J］. Proceedings of
5th international symposiu Ⅲ on east asia recycling technology. ［S. l. : s. n. ］,
1999:106-109.

［32］ 孙增昌,王汝恒,古松.再生骨料混凝土增强技术研究现状分析［J］.混凝
土,2010(2):57-59,77.

［33］ 杜婷,李惠强,周玉峰,等.再生骨料混凝土基本特性的研究思路探讨［J］.
建筑技术开发,2002,29(6):37-39.

［34］ 王智威.高品质再生骨料的生产工艺［J］.混凝土,2006(9):48-50.

［35］ SHIMA H, TATEYASHIKI H, MATSUHASHI R, et al. An advanced
concrete recycling technology and its applicability assessment through
input-output analysis［J］. Journal of advanced concrete technology,2005,
3(1):53-67.

［36］ 李秋义,李云霞,朱崇绩.颗粒整形对再生粗骨料性能的影响［J］.材料科学
与工艺,2005,13(6):579-581,585.

［37］ 毛高峰,李艳美,万盈盈,等.颗粒整形对再生粗骨料混凝土工作性的影响
［J］.混凝土,2008(7):66-68.

［38］ 韦虹.混凝土用再生骨料的制备及应用技术研究［D］.广州:广州大学,2013.

［39］ KATZ A. Properties of concrete made with recycled aggregate from
partially hydrated old concrete［J］. Cement and concrete research,2003,
33(5):703-711.

［40］ TAM V W Y,TAM C M,LE K N. Removal of cement mortar remains
from recycled aggregate using pre-soaking approaches［J］. Resources,
conservation and recycling,2007,50(1):82-101.

［41］朱从香,杨鼎宜,许飞,等.浸泡法强化再生混凝土抗碳化试验研究[J].混凝土,2012(9):65-68.

［42］毋雪梅,高耀宾,杨久俊.浸渍法强化再生骨料配制再生混凝土的试验[J].河南建材,2009(1):56-57.

［43］ NAIK T R, RAMME B W. High-strength concrete containing large quantities of fly ash[J]. Materials journal,1989,86(2):111-116.

［44］ KONG D Y,LEI T,ZHENG J J,et al. Effect and mechanism of surface-coating pozzalanics materials around aggregate on properties and ITZ microstructure of recycled aggregate concrete [J]. Construction and building materials,2010,24(5):701-708.

［45］杜婷,李惠强,吴贤国.混凝土再生骨料强化试验研究[J].新型建筑材料,2002,29(3):6-8.

［46］ KOU S C,POON C S. Properties of concrete prepared with PVA-impregnated recycled concrete aggregates[J]. Cement and concrete composites,2010,32(8):649-654.

［47］张学兵,王干强,方志,等.RPC强化骨料掺量对再生混凝土强度的影响[J].建筑材料学报,2015,18(3):400-408.

［48］程海丽,王彩彦.水玻璃对混凝土再生骨料的强化试验研究[J].新型建筑材料,2004,31(12):12-14.

［49］朱勇年,张鸿儒,孟涛,等.纳米 SiO_2 改性再生骨料混凝土工程应用研究及实体性能监测[J].混凝土,2014(7):138-144.

［50］杨青,钱晓倩,钱匡亮,等.再生混凝土纳米复合强化试验[J].材料科学与工程学报,2011,29(1):66-69,130.

［51］ MUKHARJEE B B,BARAI S V,et al. Influence of Nano-Silica on the properties of recycled aggregate concrete[J]. Construction and building materials,2014,55:29-37.

［52］ XUAN D X,ZHAN B J,POON C S. Thermal and residual mechanical profile of recycled aggregate concrete prepared with carbonated concrete aggregates after exposure to elevated temperatures[J]. Fire and materials,2018,42(1):134-142.

［53］ SHI C,WU Z,CAO Z,et al. Performance of mortar prepared with recycled concrete aggregate enhanced by CO_2 and pozzolan slurry[J]. Cement and concrete composites. 2018,86:130-138.

［54］ SHI C J,LI Y K,ZHANG J K,et al. Performance enhancement of recycled concrete aggregate - A review[J]. Journal of cleaner production, 2016,112:466-472.

[55] 应敬伟,蒙秋江,肖建庄. 再生骨料 CO_2 强化及其对混凝土抗压强度的影响 [J]. 建筑材料学报,2017,20(2):277-282.

[56] GRABIEC A M, KLAMA J, ZAWAL D, et al. Modification of recycled concrete aggregate by calcium carbonate biodeposition[J]. Construction and building materials,2012,34:145-150.

[57] 刘华健. 荷载-腐蚀冻融耦合作用下混杂纤维对再生混凝土耐久性能的影响[D]. 南昌:南昌大学,2020.

[58] 董振英,李庆斌. 纤维增强脆性复合材料细观力学若干进展[J]. 力学进展, 2001,31(4):555-582.

[59] Watstein D. Distribution of bond stress in concrete pull-out specimens [J]. Journal proceedings,1947,43(5):1041-1052.

[60] LAWS V. Micromechanical aspects of the fibre-cement bond[J]. Composites, 1982,13(2):145-151.

[61] CHUA P S, PIGGOTT M R. The glass fibre-polymer interface: Itheoretical consideration for single fibre pull-out tests[J]. Composites science and technology,1985,22(1):33-42.

[62] BOWLING J, GROVES G W. The debonding and pull-out of ductile wires from a brittle matrix[J]. Journal of materials science, 1979, 14 (2): 431-442.

[63] LEUNG C K Y, LI V C. Strength-based and fracture-based approaches in the analysis of fibre debonding[J]. Journal of materials science letters, 1990,9(10):1140-1142.

[64] COX H L. The elasticity and strength of paper and other fibrous materials [J]. British journal of applied physics,1952,3(3):72-79.

[65] 赵国藩,彭少民,黄承达,等. 钢纤维混凝土结构[M]. 北京:中国建筑工业出版社,1999.

[66] GUO Y C,ZHANG J H,CHEN G,et al. Fracture behaviors of a new steel fiber reinforced recycled aggregate concrete with crumb rubber [J]. Construction and building materials,2014,53:32-39.

[67] CHEN G M, YANG H, LIN C J, et al. Fracture behaviour of steel fibre reinforced recycled aggregate concrete after exposure to elevated temperatures [J]. Construction and building materials,2016,128:272-286.

［68］ RAMESH R B，MIRZA O，KANG W H. Mechanical properties of steel fiber reinforced recycled aggregate concrete［J］. Structural concrete，2019，20(2)：745-755.

［69］ 孙呈凯. PVA 纤维再生混凝土基本性能及改性研究［D］. 银川：宁夏大学，2019.

［70］ 孙呈凯，金宝宏，李家俊，等. PVA 纤维再生混凝土力学性能正交试验研究［J］. 广西大学学报(自然科学版)，2018，43(4)：1569-1575.

［71］ MASTALI M，DALVAND A，SATTARIFARD A. The impact resistance and mechanical properties of the reinforced self-compacting concrete incorporating recycled CFRP fiber with different lengths and dosages［J］. Composites part b：engineering，2017，112：74-92.

［72］ OGI K，NISHIKAWA T，OKANO Y，et al. Mechanical properties of ABS resin reinforced with recycled CFRP［J］. Advanced composite materials，2007，16(2)：181-194.

［73］ 王建超，陆佳韦，周静海，等. 碳纤维再生混凝土力学性能的试验研究［J］. 混凝土，2018(12)：95-99,103.

［74］ NOH J Y，SUNG C Y. Engineering properties of carbon fiber and glass fiber reinforced recycled polymer concrete［J］. Journal of the Korean society of agricultural engineers，2016，58(3)：21-27.

［75］ JALASUTRAM S，SAHOO D R，MATSAGAR V. Experimental investigation of the mechanical properties of basalt fiber-reinforced concrete［J］. Structural concrete，2017，18(2)：292-302.

［76］ MENG W J，LIU H X，LIU G J，et al. Bond-slip constitutive relation between BFRP bar and basalt fiber recycled-aggregate concrete［J］. Journal of civil engineering，2016，20(5)：1996-2006.

［77］ ALNAHHAL W，ALJIDDA O. Flexural behavior of basalt fiber reinforced concrete beams with recycled concrete coarse aggregates［J］. Construction and building materials，2018，169：165-178.

［78］ 阿列克谢耶夫. 钢筋混凝土结构中钢筋腐蚀与保护［M］. 黄可信，等，译. 北京：中国建筑工业出版社，1983.

［79］ PAPADAKIS V G，VAYENAS C G，FARDIS M N. Fundamental modeling and experimental investigation of concrete carbonation［J］. Materials，1991，88：363-373.

［80］ PAPADAKIS V G，VAYENAS C G，FARDIS M N. Mechanism of

carbonation of mortars and the dependence of carbonation on pore structure[C]//SP-100:Concrete Durability:Proceedings of Katharine and Bryant Mather International Symposium. American Concrete Institute,1987: 15-43.

[81] 叶铭勋. 混凝土碳化反应的热力学计算[J]. 硅酸盐通报,1989,8(2): 15-19.

[82] 李田雨,刘小艳,张玉梅,等. 海水海砂制备活性粉末混凝土的碳化机理 [J]. 材料导报,2020,34(8):8042-8050.

[83] SILVA R V,NEVES R,DE BRITO J,et al. Carbonation behaviour of recycled aggregate concrete[J]. Cement and concrete composites,2015, 62:22-32.

[84] EVANGELISTA L,BRITO J. Durability performance of concrete made with fine recycled concrete aggregates [J]. Cement and concrete composites,2010,32(1):9-14.

[85] KOU S C,POON C S. Enhancing the durability properties of concrete prepared with coarse recycled aggregate[J]. Construction and building materials,2012,35(10):69-76.

[86] 崔正龙,童华彬,吴翔宇. 不同养护环境对再生混凝土耐久性能的影响[J]. 硅酸盐通报,2014,33(9):2200-2204.

[87] 薛建阳,罗峥,元成方,等. 再生混凝土力学性能及耐久性能试验研究[J]. 工业建筑,2013,43(10):91-96.

[88] SALOMON M L,HELENE P. Durability of recycled aggregates concrete: a safe way to sustainable development[J]. Cement and concrete research, 2004,34(11):1975-1980.

[89] WANG C H,XIAO J Z,ZHANG G Z,et al. Interfacial properties of modeled recycled aggregate concrete modified by carbonation [J]. Construction and building materials,2016,105:307-320.

[90] 蒋利学,张誉,刘亚芹,等. 混凝土碳化深度的计算与试验研究[J]. 混凝土, 1996(4):12-17.

[91] 何燕,彭磊,高辉,等. 再生骨料取代率对再生混凝土耐久性的影响[J]. 粉 煤灰综合利用,2018,31(4):28-30.

[92] 耿欧,张鑫,张铖铠. 再生混凝土碳化深度预测模型[J]. 中国矿业大学学 报,2015,44(1):54-58.

[93] 张丽娟. 钢纤维再生混凝土配合比设计及其性能计算方法[D]. 郑州:郑州

大学,2017.

[94] 王兵,朱平华,许飞.再生混凝土碳化预测模型参数及其敏感性分析[J].混凝土,2018(1):79-81.

[95] KATE A. Properties of concrete made with recycled aggregate from partially hydrated old concrete[J]. Cement and concrete research,2003,33(5):703-711.

[96] KURDA R,DE BRITO J,SILVESTRE J D. Carbonation of concrete made with high amount of fly ash and recycled concrete aggregates for utilization of CO_2[J]. Journal of CO_2 utilization,2019,29:12-19.

[97] SHAYAN A,XU A M. Performance and properties of structural concrete made with recycled concrete aggregate[J]. Materials journal,2003,100(5):371-380.

[98] 朱从香,杨鼎宜,许飞,等.浸泡法强化再生混凝土抗碳化试验研究[J].混凝土,2012(9):65-68.

[99] 李秋义,李倩倩,岳公冰,等.碳化作用对再生混凝土界面显微结构的影响[J].沈阳建筑大学学报(自然科学版),2017,33(4):629-636.

[100] 李秋义,韩帅,孔哲,等.物理化学强化对再生混凝土抗碳化性能的影响[J].铁道建筑,2016,56(2):157-161.

[101] 樊云昌,曹兴国,陈怀荣.混凝土中钢筋腐蚀的防护与修复[M].北京:中国铁道出版社,2002.

[102] MARTÍN-PÉREZ B,ZIBARA H,HOOTON R D,et al. A study of the effect of chloride binding on service life predictions[J]. Cement and concrete research,2000,30(8):1215-1223.

[103] OH B H,JANG S Y. Effects of material and environmental parameters on chloride penetration profiles in concrete structures[J]. Cement and concrete research,2007,37(1):47-53.

[104] 薛鹏飞,项贻强.修正的氯离子在混凝土中的扩散模型及其工程应用[J].浙江大学学报(工学版),2010,44(4):831-836.

[105] MAAGE M,HELLAND S,POULSEN E,et al. Service life prediction of existing concrete structures exposed to marine environment[J]. Materials journal,1996,93(6):602-608.

[106] 桂志华.氯离子侵蚀条件下混凝土中钢筋锈蚀模型研究[D].武汉:华中科技大学,2005.

[107] OLORUNSOGO F T, PADAYACHEE N. Performance of recycled aggregate concrete monitored by durability indexes[J]. Cement and concrete research, 2002,32(2):179-185.

[108] OTSUKI N, MIYAZATO S, YODSUDJAI W. Influence of recycled aggregate on interfacial transition zone, strength, chloride penetration and carbonation of concrete[J]. Journal of materials in civil engineering, 2003,15(5):443-451.

[109] SIM J, PARK C. Compressive strength and resistance to chloride ion penetration and carbonation of recycled aggregate concrete with varying amount of fly ash and fine recycled aggregate[J]. Waste management, 2011,31(11):2352-2360.

[110] LIMBACHIYA M, MEDDAH M S, OUCHAGOUR Y. Use of recycled concrete aggregate in fly-ash concrete[J]. Construction and building materials,2012,27(1):439-449.

[111] 顾荣军,耿欧,卢刚,等.再生混凝土抗氯离子渗透性能研究[J].混凝土, 2011(8):39-41.

[112] 黄莹.再生粗骨料对混凝土结构耐久性影响机理研究[D].南宁:广西大学,2012.

[113] 应敬伟,肖建庄.再生骨料取代率对再生混凝土耐久性的影响[J].建筑科学与工程学报,2012,29(1):56-62.

[114] KOU S C, POON C S. Long-term mechanical and durability properties of recycled aggregate concrete prepared with the incorporation of fly ash [J]. Cement and concrete composites,2013,37:12-19.

[115] 韦庆东,孙俊,黄沛增,等.再生骨料对混凝土的抗氯离子渗透性能影响 [J].混凝土,2014(12):101-104.

[116] 张建强,鲁亚,施麟芸.再生骨料强化对混凝土耐久性的影响[J].江西建材,2015(12):38-42.

[117] 覃荷瑛.再生混凝土氯离子渗透性试验研究及细观数值模拟[D].南宁:广西大学,2012.

[118] ANN K Y, MOON H Y, KIM Y B, et al. Durability of recycled aggregate concrete using pozzolanic materials[J]. Waste management,2008,28(6):993-999.

[119] 邓婉君,李宏.活性掺合料对再生混凝土氯离子渗透性的影响研究[J].混凝土,2016(12):73-75.

[120] 梁琳.再生混凝土耐久性能及抗压强度试验研究[D].南京:东南大学,2017.

[121] 吴相豪,岳鹏君.再生混凝土中氯离子渗透性能试验研究[J].建筑材料学报,2011,14(3):381-384.

[122] 叶腾,徐毅慧,张锦.C25再生骨料混凝土抗氯离子渗透性能试验研究[J].硅酸盐通报,2014,33(12):3261-3264.

[123] PENG J X,HU S W,ZHANG J R,et al. Influence of cracks on chloride diffusivity in concrete: a five-phase mesoscale model approach[J]. Construction and building materials,2019,197:587-596.

[124] WU Y C,XIAO J Z. The effect of microscopic cracks on chloride diffusivity of recycled aggregate concrete[J]. Construction and building materials,2018,170:326-346.

[125] XIAO J Z,YING J W,TAM V W Y,et al. Test and prediction of chloride diffusion in recycled aggregate concrete[J]. Science China technological sciences,2014,57(12):2357-2370.

[126] 肖琦,郝帅,宁喜亮,等.纤维对混凝土抗冻耐久性的影响研究综述[J].混凝土,2018(6):68-71.

[127] POWERS T C. Void space as a basis for producing air-entrained concrete[J]. Journal proceedings,1954,50(5):741-760.

[128] POWERS T C,HELMUTH R A. Theory of volume changes in hardened port land-cement paste during freezing[J]. Proceedings, highway research board,1953,32:285-297.

[129] FAGERLUND G. The critical degree of saturation method of assessing the freeze/thaw resistance of concrete[J]. Materials and structures,1977,10(58):379-382.

[130] 肖林凯.纳米混凝土冻融循环作用下的损伤模型研究[D].沈阳:沈阳大学,2018.

[131] 苏子豪.基于超声波速的不同类型混凝土冻融损伤研究[D].武汉:湖北工业大学,2017.

[132] 冉毅.基于疲劳累积损伤理论的纳米混凝土冻融损伤模型研究[D].沈阳:沈阳大学,2018.

[133] 王正鑫.基于颗粒流离散元法的混凝土冻融损伤单轴试验模拟[D].西安:西安理工大学,2018.

[134] 王竞妍.再生骨料缺陷对再生混凝土耐久性的影响[D].北京:北京交通大

学,2013.

[135] 周宇,郑秀梅,李广军,等.再生骨料混凝土抗冻性能试验研究[J].低温建筑技术,2013,35(12):14-16.

[136] 曹剑.再生粗骨料品质和取代率对再生混凝土抗冻性能的影响[J].青岛理工大学学报,2016,37(4):17-20.

[137] 陈德玉,刘来宝,严云,等.不同因素对再生骨料混凝土抗冻性的影响[J].武汉理工大学学报,2011,33(5):54-58.

[138] 李卫宁.再生骨料取代率对再生混凝土路面抗冻性的影响研究[J].西部交通科技,2017(10):1-3.

[139] YILDIRIM S T,MEYER C,HERFELLNER S. Effects of internal curing on the strength,drying shrinkage and freeze-thaw resistance of concrete containing recycled concrete aggregates[J]. Construction and building materials,2015,91:288-296.

[140] 何晓莹,王瑞骏,陶喆,等.低掺量粉煤灰再生混凝土抗冻耐久性试验研究[J].硅酸盐通报,2018,37(11):3522-3527.

[141] GOKCE A,NAGATAKI S,SAEKI T. Freezing and thawing resistance of air-entrained concrete incorporating recycled coarse aggregate:The role of air content in demolished concrete[J]. Cement and concrete research,2004,34(5):799-806.

[142] 赵飞,周志云,陈新星,等.再生粗骨料和矿物掺合料对再生混凝土抗冻性影响的研究[J].水资源与水工程学报,2015,26(4):183-186.

[143] 张浩博,任慧超,寇佳亮.粉煤灰对再生混凝土抗压及耐久性能试验研究[J].西安理工大学学报,2016,32(4):410-415.

[144] 翟莲,张竹军,杨莹莹,等.再生混凝土的研究现状及发展前景[J].河南建材,2019(3):309-311.

[145] CHAI W G,et al. Experimental study on frost resistance durability of concrete with intensified recycled aggregates[J]. Advanced materials research,2011,280:152-158.

[146] 薛丽媛,王睿,程亮,等.再生混凝土抗冻耐久性影响因素分析[J].混凝土世界,2018(8):70-73.

[147] OLIVEIRA M B D. The influence of retained moisture in aggregates from recycling on the properties of new hardened concrete[J]. Waste management,1996,16(1/2/3):113-117.

[148] 张冲.高温后再生混凝土的残余抗压强度及抗冻耐久性试验研究[D].西

安:西安建筑科技大学,2016.

[149] SALEM R M,BURDETTE E G,JACKSON N M. Resistance to freezing and thawing of recycled aggregate concrete[J]. Materials journal,2003, 100(3):216-221.

[150] 陈爱玖,章青,王静,等.再生混凝土冻融循环试验与损伤模型研究[J].工程力学,2009,26(11):102-107.

[151] 霍俊芳,王聪,侯永利,等.纤维再生混凝土的抗冻性能及孔结构研究[J].硅酸盐通报,2018,37(7):2141-2145.

[152] 郝彤,候保星,冷发光,等.不同类别再生混凝土抗冻性能的试验研究[J].混凝土,2020(4):60-63.

[153] 王磊,牛荻涛,王晨飞,等.聚丙烯纤维混凝土在干湿循环下的氯离子渗透性能研究[J].建筑结构,2011,41(S2):180-182.

[154] 王晨飞,牛荻涛.纤维混凝土在盐冻作用下的耐久性研究[J].工业建筑,2012,42(1):137-139.

[155] 汪振双,谭晓倩.钢纤维再生粗集料混凝土的力学性能和抗冻性研究[J].硅酸盐通报,2016,35(4):1184-1187.

[156] 金浩,屈锋,孙浩然,等.饱和钢纤维再生混凝土氯离子扩散特性研究[J].功能材料,2020,51(4):4090-4095.

[157] 陈爱玖,王静,杨粉,等.纤维再生混凝土的抗冻性能试验研究[J].混凝土,2013(2):1-4.

[158] 白敏,牛荻涛,姜桂秀,等.钢纤维掺量对混凝土氯离子渗透性能的影响研究[J].混凝土与水泥制品,2015(11):49-52.

[159] KOUSHKBAGHI M,KAZEMI M J,MOSAVI H,et al. Acid resistance and durability properties of steel fiber-reinforced concrete incorporating rice husk ash and recycled aggregate[J]. Construction and building materials,2019,202:266-275.

[160] 蔡迎春,代兵权.改性聚丙烯纤维混凝土抗冻性能试验研究[J].混凝土,2010(7):63-64.

[161] 张伟,张士萍,张建业.混杂纤维抑制混凝土冻融损伤规律的试验研究[J].混凝土,2019(10):76-79.

[162] 王志杰,徐成,徐君祥,等.混杂纤维混凝土耐久性及混杂效应研究[J].混凝土与水泥制品,2019(11):53-56.

[163] 张顸,赵瑞,张帅.钢-聚丙烯混杂纤维混凝土碳化性能试验研究[J].四川建筑科学研究,2016,42(6):120-123.

[164] 张克纯.聚丙烯-玄武岩混杂纤维混凝土的耐久性能研究[J].非金属矿,
      2020,43(5):45-47.

[165] 马晓华.混杂纤维高性能混凝土抗裂和抗冻融性能研究[D].大连:大连理
      工大学,2006.

[166] 汪飞,王伯昕,张中琼.改性聚丙烯纤维对混杂纤维混凝土抗冻性能影响
      [J].混凝土,2017(8):85-87.

[167] 董衍伟.混杂纤维混凝土高温和碳化性能试验研究[D].泉州:华侨大
      学,2009.

[168] JIN S J,LI Z L,ZHANG J,et al. Experimental study on the performance
      of the basalt fiber concrete resistance to freezing and thawing[J].
      Applied mechanics and materials,2014,584/585/586:1304-1308.

[169] FAN X C,WU D,CHEN H. Experimental research on the freeze-thaw
      resistance of basalt fiber reinforced concrete[J]. Advanced materials research,
      2014,919/920/921:1912-1915.

[170] 李晓路.玄武岩纤维再生粗骨料混凝土力学性能及抗冻性、干缩性的试验
      研究[D].银川:宁夏大学,2018.

[171] KATKHUDA H,SHATARAT N. Improving the mechanical properties
      of recycled concrete aggregate using chopped basalt fibers and acid
      treatment[J].Construction and building materials,2017,140:328-335.

[172] KIZILKANAT A B,KABAY N,AKYUNCU,V,et al. Mechanical properties
      and fracture behavior of basalt and glass fiber reinforced concrete:an
      experimental study[J]. Construction and building materials, 2015, 100:
      218-224.

[173] DONG J F,WANG Q Y,GUAN Z W. Material properties of basalt fibre
      reinforced concrete made with recycled earthquake waste[J].Construction and
      building materials,2017,130:241-251.

[174] 李素娟.玄武岩纤维再生混凝土抗压强度试验研究[J].世界地震工程,
      2016,32(2):89-92.

[175] 肖建庄,雷斌.再生混凝土碳化模型与结构耐久性设计[J].建筑科学与工
      程学报,2008,25(3):66-72.

[176] 耿欧,张鑫,张铖铠.再生混凝土碳化深度预测模型[J].中国矿业大学学
      报,2015,44(1):54-58.

[177] WAWRZEŃCZYK J, MOLENDOWSKA A, JUSZCZAK T. Determining k-

value with regard to freeze-thaw resistance of concretes containing GGBS[J]. Materials (Basel,Switzerland),2018,11(12):2349.

[178] WU J,JING X,WANG Z. Uni-axial compressive stress-strain relation of recycled coarse aggregate concrete after freezing and thawing cycles[J]. Construction and building materials,2017,134:210-219.